たのしくできる

プログラマブル コントローラ
PCメカトロ制御実験

鈴木美朗志 著

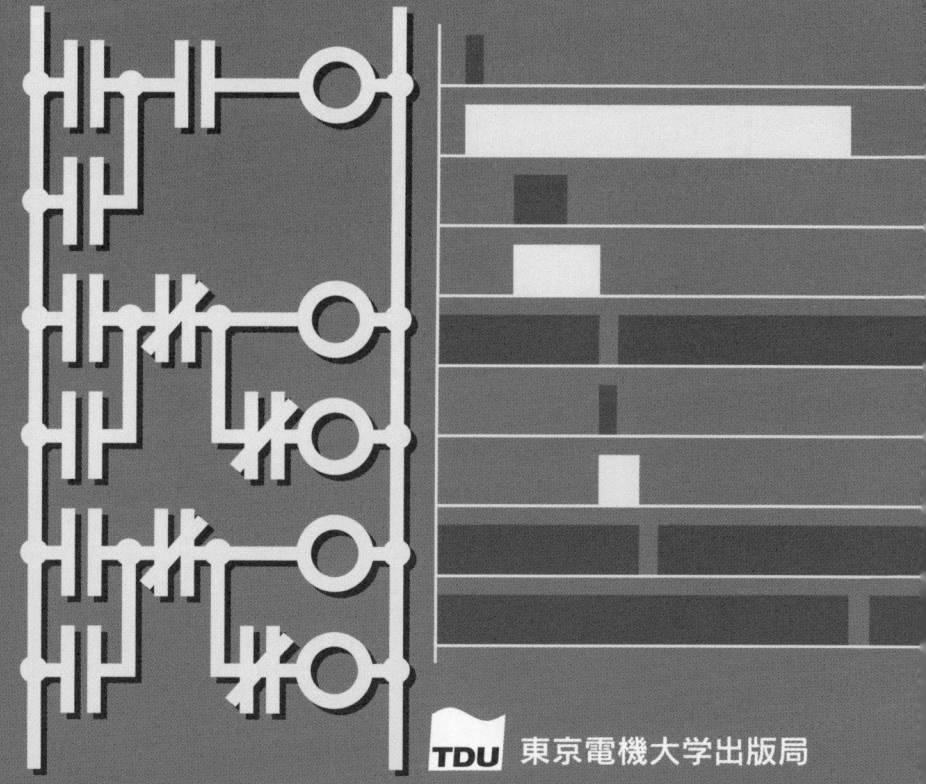

TDU 東京電機大学出版局

R〈日本複写権センター委託出版物〉
本書の全部または一部を無断で複写複製（コピー）することは，著作権法上での例外を除き，禁じられています。本書からの複写を希望される場合は，日本複写センター(03-3401-2382)にご連絡ください。

まえがき

　メーカの工場で作られた製品は，流通機構を経て消費者の手に渡り，その役目を終えると廃棄物になる。最近，メーカは，生産工程から廃棄物処理に至るすべてに責任を負わねばならなくなってきた。この背景には，地球規模の環境問題があり，生産工程や製品の省エネルギー化，廃棄物の再利用を考慮した設計などが求められている。

　このような状況下のFA(Factory Automation)の現場において，プログラマブルコントローラとその周辺装置，およびパソコンの活用は，生産工場の自動化，省エネルギー化を推し進め，安全で快適な工場を作る一つの要因になっている。

　コンピュータによる機械の制御には，ワンボードやワンチップによるマイコン制御，パソコンの拡張ボードを使用したC言語やBASICなどの高級言語による制御，およびプログラマブルコントローラによる制御などがある。このうち，パソコンの拡張ボードを使用した制御は，パソコンの高性能化とともに拡張ボードが使えなくなり，今後減少していくであろう。このような情勢で，プログラマブルコントローラによる制御は，FA分野はもとより，今後，娯楽・介護・サービス産業など，非FA分野にも利用されることが予想され，研究対象として面白い。

　私がこの本を書くきっかけとなったのは，2年ほど前に巻末に記した会社から，オムロン株式会社製のプログラマブルコントローラCQM1を1台いただいたことにある。パソコンの拡張ボードが使えなくなっていくなかで，これからの機械制御はプログラマブルコントローラが有望ではないかと考え，入出力実験装置を作ることから始まった。幸い，制御対象である教材用のベルトコンベヤは，私の所属する神奈川県工業教育研究会機械部会の計測・電気分科会で一人1台作ってあったので，利用することにした。このベルトコンベヤは，第5章で活躍するこ

とになる。

　私は工業高校に勤務するなかで，上記の計測・電気分科会に17年間も所属し，センサ回路，マイコン制御，ポケコン制御など，多くのことを学び，経験を積ませていただいた。この分科会の活動方針は，会員一人一人が回路や装置を製作し，実験をすることによってその理論や動作原理を理解し，わかりやすい教材作りをすることである。本書もこの方針に倣い，プログラマブルコントローラによるメカトロ制御実験のハードウエアとソフトウエアについて，基礎から学ぼうとしている方々に役立つように，以下の点を留意してまとめた。

1. 入出力実験ボックスをはじめ，各種の周辺装置はすべて製作することができる。
2. 各種の周辺装置で使われる，正転・逆転回路，駆動回路，センサ回路，および各モータの動作原理などは，詳しく解説する。
3. 制御実験は，プログラミングコンソールの使い方から始めて，基本回路，応用回路，そして各モータの制御へと，段階を踏む。
4. 制御実験には，ラダー図とプログラム（できればタイムチャート）を併記し，回路の動作を箇条書きにする。

　本書の特徴は，プログラマブルコントローラの周辺装置を製作し，この周辺装置を用いて制御実験ができることである。このため，プログラムのみならず，周辺装置の動作原理も学ぶことができる。このように，ハード・ソフト両面の技術的なバランスがとれている。この本が，読者の方々の技術力向上に貢献できれば幸いである。

　最後に，企画・出版に至るまで，終始多大な御尽力をいただいた東京電機大学出版局の植村八潮氏，松崎真理氏をはじめ，関係各位に心から御礼を申し上げる次第である。

2001年5月

著者しるす

目　　次

1　PC入出力装置 ———————————————————— 1
1.1　PCの構成と入出力機器の接続 …………………………………… 1
1.2　プログラマブルコントローラ CQM 1 …………………………… 3
　　　CQM 1のユニット／DC 24 V 入力ユニット（CPU ユニット内蔵）／
　　　リレー接点出力ユニット／トランジスタ出力ユニット（16点）
1.3　入出力実験ボックスの製作 ………………………………………… 5
　　　入出力実験ボックスの接続図／入力実験ボックスの製作／
　　　出力実験ボックスの製作
1.4　7セグメント表示器の製作 ………………………………………… 9
1.5　PCと各種入出力実験装置との接続 ……………………………… 10

2　基本回路のプログラミング ———————————————— 11
2.1　リレーの基本回路 …………………………………………………… 11
　　　押しボタンスイッチ／リレーの構造と動作／シーケンス図／自己保持回路
2.2　ラダー図 ……………………………………………………………… 15
2.3　プログラムの基礎 …………………………………………………… 17
　　　基本命令と応用命令／プログラム作成上の注意点／リレー番号
2.4　プログラミングコンソールの使い方 ……………………………… 21
　　　プログラミングコンソール CQM 1 – PRO 01 の構成／
　　　CQM 1とプログラミングコンソールの接続／
　　　プログラムを入力する前の準備／プログラムの書き込みと訂正／
　　　命令語の挿入と削除

2.5 LD, LD・NOT, AND, AND・NOT, OR, OR・NOT, OUT, END(01)
の使用法……………………………………………………………………… 28
直列接続／並列接続／直並列接続(自己保持回路とインタロック回路)

2.6 AND・LD, OR・LD の使用法 ………………………………………… 34
並列回路ブロックの直列接続／直列回路ブロックの並列接続

2.7 SET, RSET の使用法 …………………………………………………… 37
SET, RSET を使用した自己保持とインタロック

2.8 TIM の使用法 …………………………………………………………… 39
オンディレータイマ／オフディレータイマ

2.9 CNT の使用法 …………………………………………………………… 42
カウンタ

2.10 CNTR の使用法 ………………………………………………………… 44
可逆カウンタ

2.11 SFT の使用法 …………………………………………………………… 46
出力リレーの順次 ON-OFF 移動

2.12 CMP の使用法 …………………………………………………………… 48
入力加算カウント数の比較

3 応用回路のプログラミング ――――――――――――― 51

3.1 出力リレーの ON-OFF 時間制御 ……………………………………… 51
3.2 フリップフロップ回路…………………………………………………… 53
3.3 オールタネイト回路……………………………………………………… 54
内部補助リレーによる入力信号のパルス化／
DIFU, DIFD を使用した入力信号のパルス化
3.4 フリッカ回路……………………………………………………………… 57
3.5 タイマ付警報装置………………………………………………………… 59
タイマ付警報装置の回路／
ゲート IC とディスクリート部品を使用したタイマ付警報装置の製作

3. 6	タイマによる順次動作回路	65
3. 7	交通信号機の動作	66
3. 8	MOV, 7 SEG の使用法	70
	データの転送／7 セグメント表示器によるデータの表示	
3. 9	ADD, SUB, MUL, DIV の使用法	74
	加算(減算)と表示／乗算と表示／除算と表示	

4　ベルトコンベヤと周辺装置 ——— 81

4. 1	ベルトコンベヤ	81
4. 2	単相誘導モータ	83
	誘導モータの動作原理と構造／誘導モータの特性	
4. 3	単相誘導モータの正転・逆転回路	88
4. 4	ドッグとリミットスイッチ	91
4. 5	パルス発生器	92
4. 6	ソレノイドによる押出し装置	93
4. 7	光電スイッチ	94
	光電スイッチの概要／変調投光回路と受光復調回路	

5　ベルトコンベヤを利用した各種の制御 ——— 101

5. 1	ベルトコンベヤ(単相誘導モータ)と入出力実験ボックスとの接続	101
5. 2	ベルトコンベヤの正転・停止・逆転制御	102
	停止押しボタンスイッチ(a 接点入力)による停止／	
	停止押しボタンスイッチ(b 接点入力)による停止／	
	安全な回路の選択／SET, RSET の使用／正転・逆転制御	
5. 3	ベルトコンベヤの寸動運転	109
5. 4	DIFU, DIFD を使用したベルトコンベヤの寸動運転	111
5. 5	ベルトコンベヤの限時制御	113
5. 6	ベルトコンベヤの繰返し運転制御	114

5. 7	ベルトコンベヤの一時停止制御 ……………………………………	115
	リミットスイッチによる一時停止制御／KEEP を使用した一時停止制御	
5. 8	ベルトコンベヤの回転回数制御 ……………………………………	121
5. 9	ベルトコンベヤの正転・逆転回数制御 ……………………………	123
5.10	ベルトコンベヤの簡易位置決め制御 1 ……………………………	127
5.11	ベルトコンベヤの簡易位置決め制御 2 ……………………………	130
5.12	エスカレータの自動運転 ……………………………………………	132
5.13	シャッタの開閉制御 …………………………………………………	135
5.14	自動ドア ………………………………………………………………	138
5.15	ベルトコンベヤにおける物体の高低の判別と振り分け …………	141
5.16	ベルトコンベヤにおける物体の横幅の判別と振り分け …………	144
5.17	7 セグメント表示器による生産目標値の減算表示 ………………	147
5.18	ベルトコンベヤの移動速度の測定と表示 …………………………	150

6　ステッピングモータと DC モータの制御 ― 155

6. 1	ハイブリッド型ステッピングモータ ………………………………	155
	ステッピングモータとその特徴／	
	2 相ステッピングモータの駆動回路と励磁方式／	
	構造と動作原理／ステッピングモータの特性	
6. 2	ステッピングモータ駆動一軸制御装置 ……………………………	162
6. 3	PC システムの設定 …………………………………………………	165
6. 4	テーブルの右移動と左移動 …………………………………………	167
6. 5	マイクロ（リミット）スイッチを利用したテーブルの往復移動 ………	169
6. 6	原点復帰と定位置自動移動 …………………………………………	171
6. 7	DC モータ ……………………………………………………………	175
	DC モータの構造と動作原理／DC モータの特徴と特性	
6. 8	正転・逆転・ブレーキ回路による DC モータの制御 ……………	178
	DC モータの正転・ブレーキ・逆転制御／DC モータの寸動運転	

6．9　PWM 制御回路による DC モータの速度制御 ……………………… 182
　　　DC モータの 3 段階速度制御／DC モータの多段階速度制御

参考文献 ——————————————————————— 190

本書で扱った各種装置の入手先 ——————————— 190

索　引 ——————————————————————————— 191

# PC 入出力装置

　生産工場における，組立て，加工，搬送などの自動工程において，シーケンス制御が一般的に利用されている。従来，シーケンス制御回路は，リレーシーケンス回路図に従って，押しボタンスイッチ，各種のセンサ，リレーやタイマ，あるいはカウンタなどの個別機器をリード線によって相互に配線し，制御回路を作っていた。

　これに対し，プログラマブルコントローラは，シーケンス制御を専門とするマイクロコンピュータであり，「プログラム」というソフトウエアによって，従来の配線に代わる制御回路を作ろうとするものである。しかし，プログラマブルコントローラと入出力装置との接続には，やはり配線が必要となる。

　本章では，プログラマブルコントローラの構成と，これからの制御実験で必要な入出力機器の製作や接続について，詳しく図解していく。

1.1　PC の構成と入出力機器の接続

　プログラマブルコントローラ(programmable controller)は，マイクロコンピュータを利用した，シーケンス制御専用の電子装置である。本書では，プログラマブルコントローラを PC という略称で表すことにする。

　シーケンス制御とは，あらかじめ定められた順序に従って，制御の各段階を逐次進めていく制御のことである。シーケンス制御は，生産工場の自動工程のほかにも，エレベータ・自動販売機・全自動洗濯機など，各種の機器や家庭電化製品に利用されている。制御対象には，モータの起動・停止などの簡単なものから，数百のセンサ・リミットスイッチなどの情報により構成される工場の自動化システムなど，大規模なシステムの制御にも利用されている。

　PC の構成と入出力機器の接続を図 1.1 に示す。PC 本体は，マイクロコンピュータを用いた演算・制御部，半導体メモリ(ROM，RAM)を用いた記憶部，押

2　1　PC 入出力装置

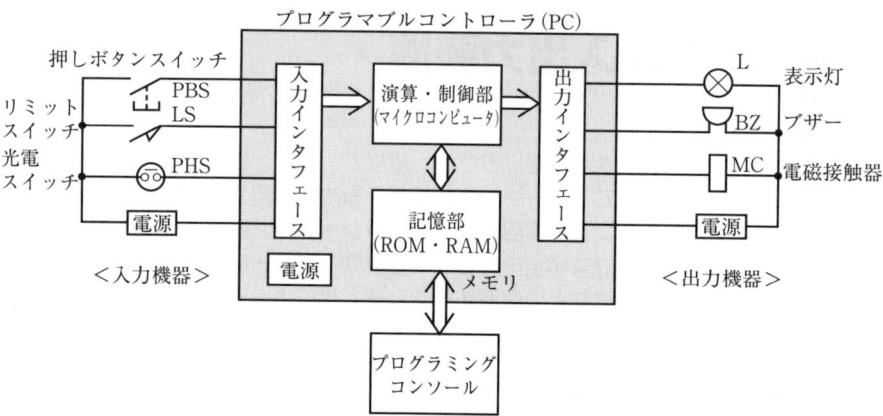

図1.1　PC の構成と入出力機器の接続図

しボタンスイッチや各種のセンサなどの入力機器を接続する入力インタフェース，表示灯・ブザー・電磁接触器などの機器を接続する出力インタフェース，および電源などから構成される。プログラミングコンソールは，プログラムの書き込みや読み出し，PC の運転や停止などを行うプログラミング装置である。

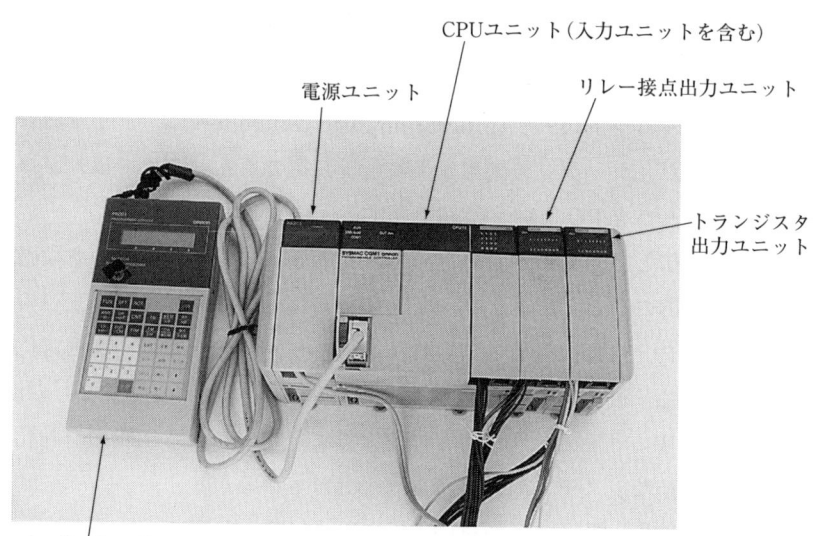

図1.2　プログラマブルコントローラ CQM1

1.2 プログラマブルコントローラ CQM1

1.2.1 CQM1 のユニット

　図 1.2 は，プログラマブルコントローラ CQM1 のユニットの組合せである。各ユニットは，電源ユニット，CPU ユニット（入力ユニットを含む），リレー接点出力ユニット，トランジスタ出力ユニットの順に接続する。

　CQM1 はオムロン株式会社製であり，本書は CQM1 を使用する。

1.2.2 DC 24 V 入力ユニット（CPU ユニット内蔵）

　表 1.1 は，DC 24 V 入力ユニット（CPU ユニット）：形 CQM1-CPU 11 の仕様

表 1.1　DC 24 V 入力ユニット（CPU ユニット）：形 CQM1-CPU 11 の仕様

名　　称	16 点　　　　　　　　　CPU ユニット
形式	形 CQM1-CPU 11/21，CPU 41-V 1/42-V 1/43-V 1/44-V 1
入力電圧	DC 24 V $^{+10\%}_{-15\%}$
入力インピーダンス	IN 4, IN 5：2.2 kΩ　　　　　IN 4, IN 5 以外の入力：3.9 kΩ
入力電流	IN 4, IN 5：10 mA TYP.　IN 4, IN 5 以外の入力：6 mA TYP.(DC 24 V)
ON 電圧	最小　DC 14.4 V
OFF 電圧	最大　DC 5.0 V
ON 応答時間	8 ms 以下（PC システム設定により 1〜128 ms 切換可能）
OFF 応答時間	8 ms 以下（PC システム設定により 1〜128 ms 切替可能）
回路数	16 点（16 点/コモン　1 回路）
回路構成	![回路図] 3.9kΩ(2.2kΩ)　560Ω　入力表示 LED　内部回路　・（　）は IN 4, 5 のときの値。・入力電源の極性は ⊕⊖ どちらでもよい。

［出典：オムロン(株)，CQM1 セットアップマニュアル，p.1-57］

である。

1.2.3 リレー接点出力ユニット

表 1.2 は，リレー接点出力ユニット：形 CQM 1-OC 222 の仕様である。

表 1.2 リレー接点出力ユニット：形 CQM 1-OC 222 の仕様

名　　称	16点　　リレー接点出力ユニット
形式	形 CQM 1-OC 222
最大開閉能力	AC 250 V/2 A　（COS ϕ = 1） AC 250 V/2 A　（COS ϕ = 0.4） DC 24 V/2 A　（8 A/ユニット）
最小開閉能力	DC 5 V　10 mA
使用リレー	G6D-1 A
リレー寿命	電気的：抵抗負荷 30 万回，誘導負荷 10 万回 機械的：2,000 万回
ON応答時間	10 ms 以下
OFF応答時間	5 ms 以下
回路数	16 点(16 点/コモン　1 回路)
内部消費電流	DC 5 V　850 mA 以下
質量	230 g 以下
回路構成	出力表示LED、内部回路、OUT$_{00}$、OUT$_{15}$、COM、最大 AC 250V 2A、DC 24V 2A

［出典：オムロン(株)，CQM 1 セットアップマニュアル，p.1-64］

1.2.4 トランジスタ出力ユニット(16点)

表 1.3 は，トランジスタ出力ユニット(16 点)：形 CQM 1-OD 212 の仕様である。

表1.3 トランジスタ出力ユニット(16点)の仕様

名　　称	16点　　　　　トランジスタ出力ユニット
形式	形 CQM 1-OD 212
最大開閉能力	50 mA/4.5 V〜300 mA/26.4 V(下図参照)
漏れ電流	0.1 mA 以下
残留電圧	0.8 V 以下
ＯＮ応答時間	0.1 ms 以下
OFF応答時間	0.4 ms 以下
回路数	16 点(16 点/コモン　1 回路)
内部消費電流	DC 5 V　170 mA 以下
ヒューズ	5 A(1 個/コモン)1 個使用　(注)ユーザによるヒューズの交換はできない。
外部供給電源	DC 5〜24 V±10%　40 mA 以上(2.5 mA×ON 点数)
質量	180 g 以下
回路構成	(回路図：出力表示LED，内部回路，ヒューズ5A，+V，OUT$_{00}$，OUT$_{15}$，COM，DC4.5〜26.4V)

［出典：オムロン(株)，CQM 1 セットアップマニュアル，p.1-67］

1.3　入出力実験ボックスの製作

1.3.1　入出力実験ボックスの接続図

　図1.3は，CQM 1の各ユニットと入出力実験ボックスとの接続である。DC 24 V入力ユニット(CPU 11)は16点の入力端子をもっているが，このうち8点を使用する。入力番号0〜5の端子にはa接点の押しボタンスイッチを接続し，各スイッチと並列に外部入力用端子を設ける。入力番号6と7の端子には，b接点の

6　1　PC 入出力装置

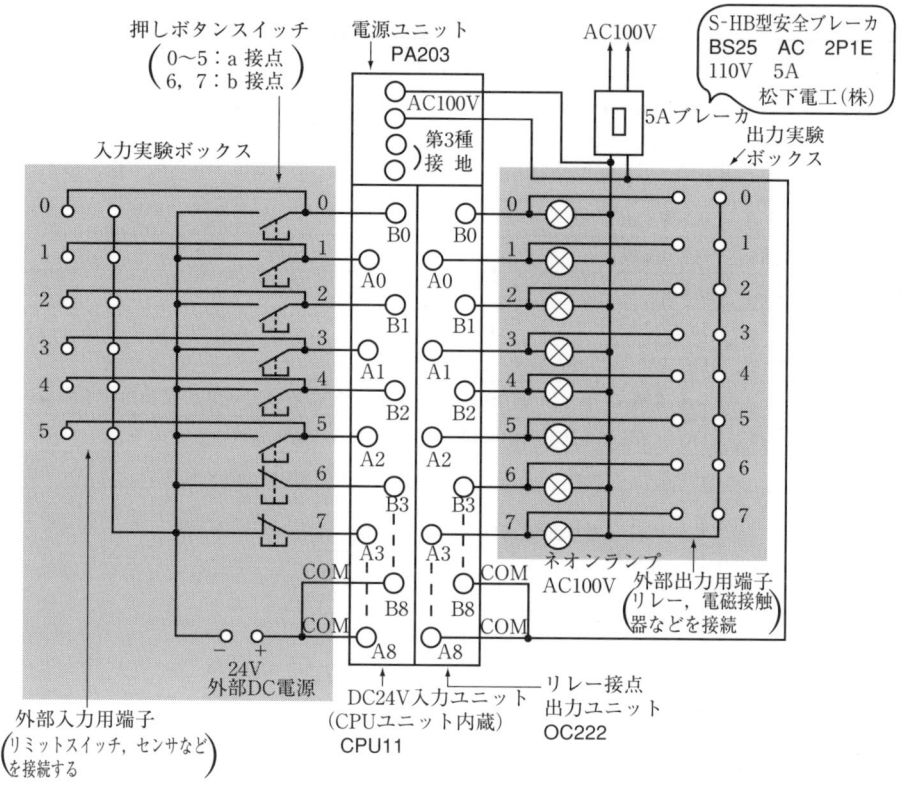

図1.3　CQM1の各ユニットと入出力実験ボックスとの接続

押しボタンスイッチを接続する。また，外部DC電源24V用の端子を設ける。

　電源ユニットPA203には，5Aのブレーカを通してAC100Vを供給する。リレー接点出力ユニットOC222は16点の出力端子をもっているが，このうち8点を使用する。出力番号0～7の端子には，表示灯として，それぞれネオンランプを接続し，各ネオンランプと並列に外部出力用端子を設ける。ネオンランプおよび外部出力用電源として，電源ユニットと共通のAC100Vを利用する。

1.3.2 入力実験ボックスの製作

図1.4に,入力実験ボックスの外観とアルミシャーシの裏から見た接続の様子を示す。

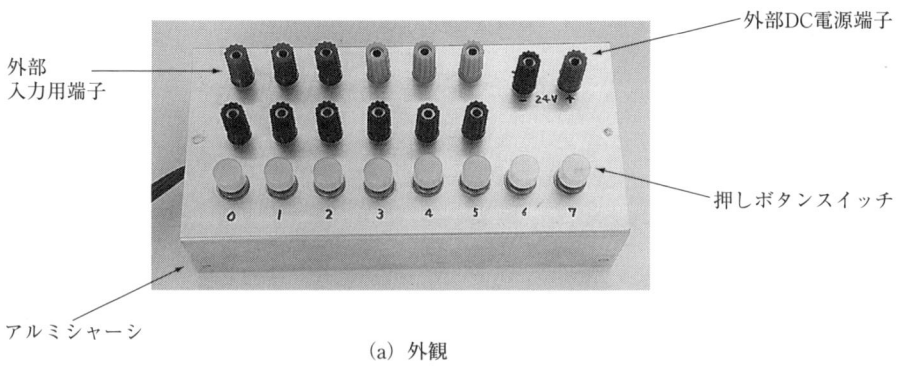

(a) 外観

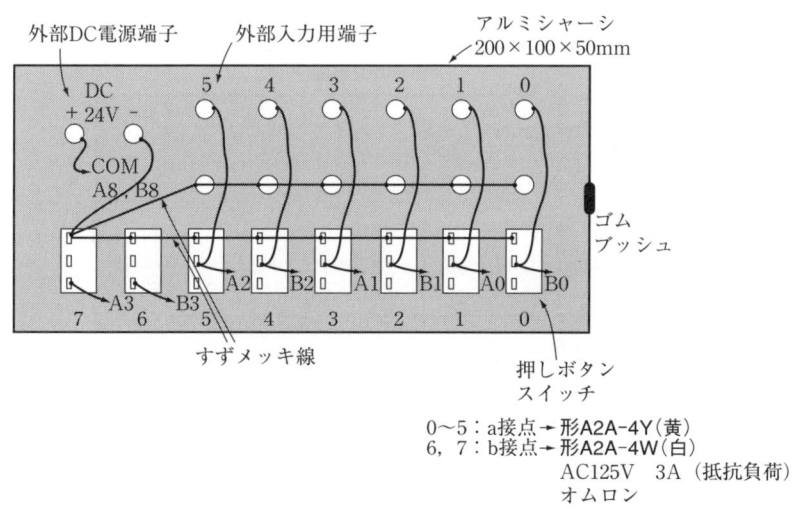

0〜5:a接点 → 形A2A-4Y(黄)
6, 7:b接点 → 形A2A-4W(白)
AC125V 3A (抵抗負荷)
オムロン

(b) 裏から見た接続の様子

図1.4 入力実験ボックスの外観と接続

1.3.3 出力実験ボックスの製作

図1.5に，出力実験ボックスの外観とアルミシャーシの裏から見た接続の様子を示す。

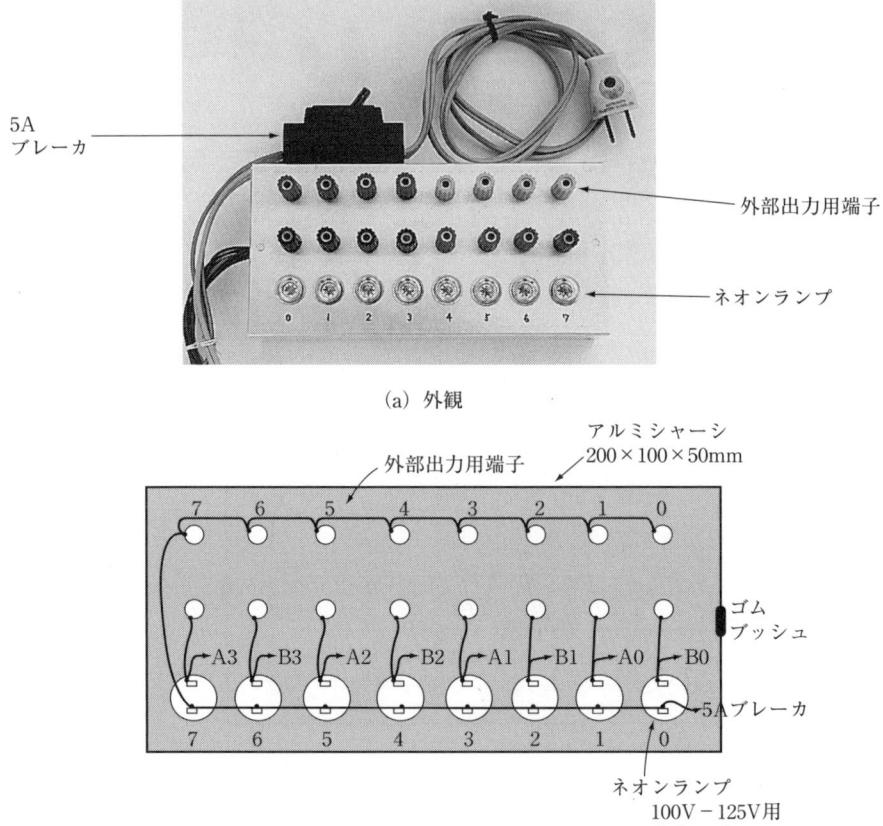

(a) 外観

(b) 裏から見た接続の様子

図1.5 出力実験ボックスの外観と接続

1.4 7セグメント表示器の製作

7セグメント表示器は，図1.6のようにトランジスタ出力ユニットOD212に

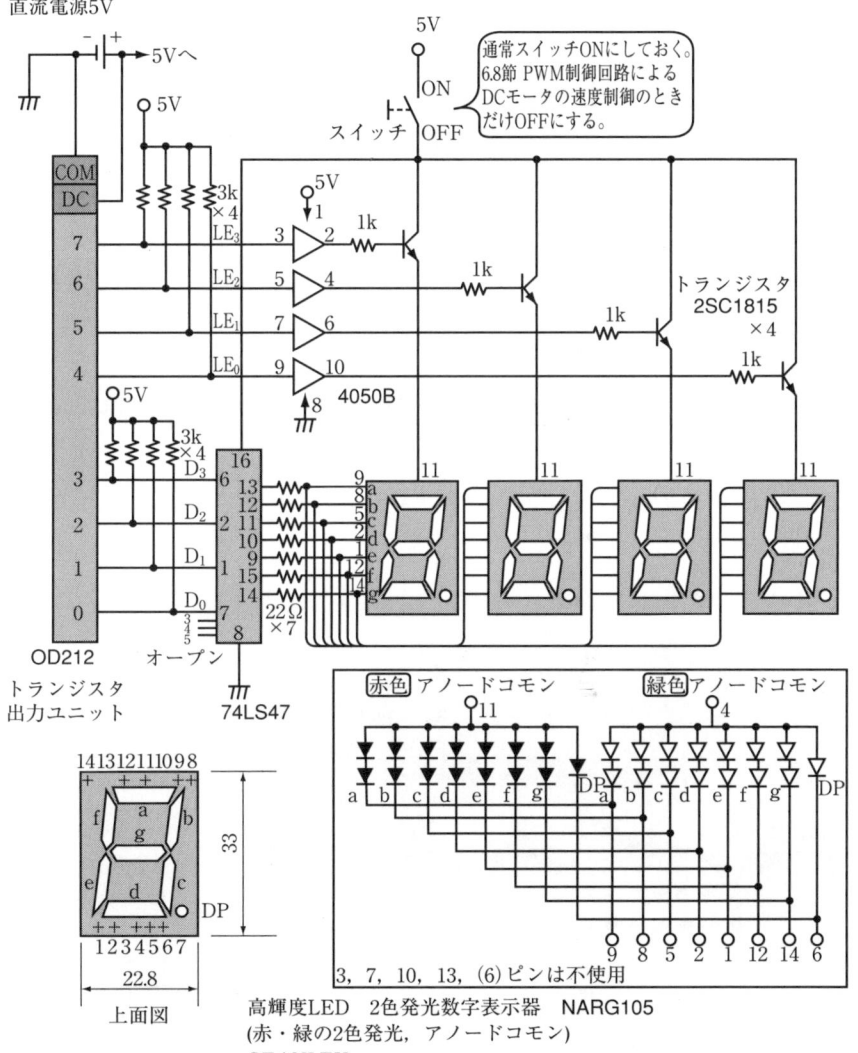

図1.6 7セグメント表示器

接続する。4桁表示の場合，データ出力(D_0〜D_3)をトランジスタ出力ユニットの出力接点0〜3に接続し，ラッチ出力(LE_0〜LE_3)を出力接点4〜7に接続する。4桁表示時は，出力接点8に，データ表示が一巡したときにONになる出力が行われるが，接続の必要はない。

図1.7は，7セグメント表示器の外観である。

図1.7
7セグメント表示器の外観

1.5　PCと各種入出力実験装置との接続

図1.8は，PC・CQM1と各種入出力実験装置との接続であり，これからのPC制御実験に使用する。

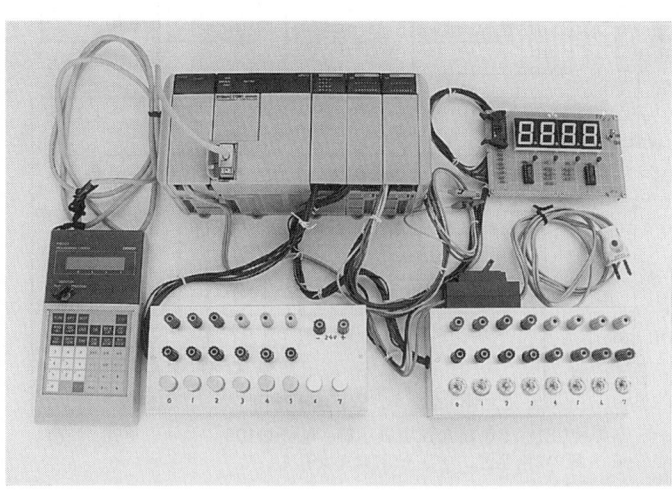

図1.8
PC・CQM1と各種入出力実験装置との接続

2 基本回路のプログラミング

　PCのプログラム設計は，リレーシーケンス回路のシーケンス図に比較的よく対応しているラダー図を作ることから始まる。このため，リレーシーケンス回路の基礎を学ぶとともに，PCの基本命令や応用命令の使い方を習得し，PCのプログラム作成上の注意点を知ることが必要である。

　PCのプログラミング言語には，①ニモニック方式，②ラダー図方式，③SFC(Sequential Function Chart)方式，④その他，があるが，我が国でもっとも普及しているのは①と②である。

　①のニモニック方式は，LD，LD・NOT，AND，AND・NOT，OR，OUTなどの基本命令や，応用命令の一部を使ってプログラミングするもので，手のひらにのるプログラミングコンソールという装置を用いる。本書では，基本的なニモニック方式を使用する。この方式は，ラダー図からプログラミングしていくという点では，②のラダー図方式と同じである。

　②のラダー図方式は，パソコン上で操作するサポートソフトにより，ラダー図記号を使用して直接回路図を描いていく方式である。パソコンを必要とするが，ラダー図とプログラムが1対1で対応するため，わかりやすく，よく利用される。

　③のSFC方式は，フローチャート形式で，フランスを中心にヨーロッパで実績がある。

2.1 リレーの基本回路

2.1.1 押しボタンスイッチ

　図2.1は，押しボタンスイッチによる電球のON-OFF制御である。図(a)は，押しボタンスイッチPBS_1を「ON」操作すると接点がONとなり，電球L_1は点灯する。手を離すとOFFとなり，L_1は消灯する。このような接点をa接点，またはメイク接点という。図(b)は，押しボタンスイッチPBS_2を「ON」操作すると接

12　2　基本回路のプログラミング

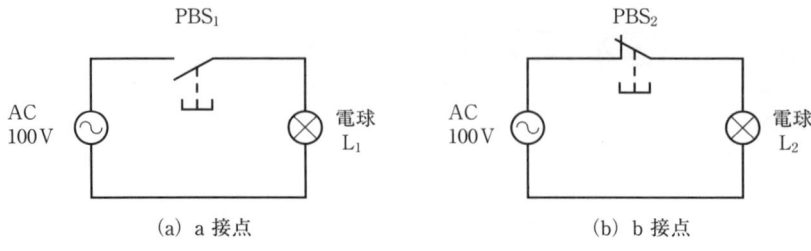

(a) a 接点　　　　　　　　　　(b) b 接点

図 2.1　押しボタンスイッチによる電球の ON-OFF 制御

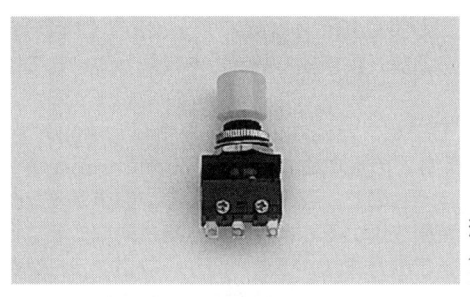

形A2A-4Y（黄）
AC125V　3A（抵抗負荷）
オムロン

図 2.2　押しボタンスイッチ

点が OFF となり，電球 L_2 は消灯する。手を離すと ON となり，L_2 は点灯する。このような接点を b 接点，またはブレーク接点という。

図 2.2 は押しボタンスイッチであり，a 接点 b 接点（1 a 1 b）をもっているので，どちらにも利用できる。定格は AC 125 V，3 A（抵抗負荷）である。

2.1.2　リレーの構造と動作

リレーは図 2.3 に示すように，電磁石を作るコイルと鉄心，電気回路の開閉を行う可動鉄片と接点とで構成されている。ここで，リレーの動作を見てみよう。

① 　コイル端子に，AC 100 V を印加する。
② 　コイルに電流が流れ，鉄心は電磁石になる。リレーのコイルに電流を流すことを，リレーを**励磁**するという。
③ 　電磁石によって可動鉄片は吸引され，可動鉄片と連動する c 接点（可動接

2.1 リレーの基本回路　*13*

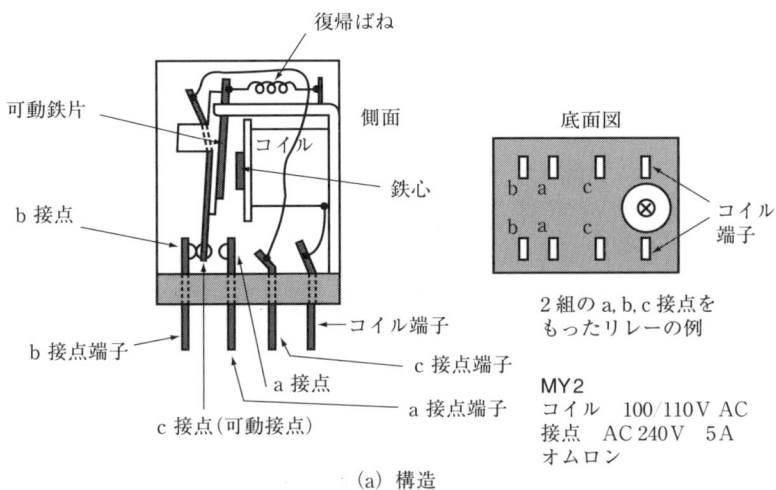

(a) 構造

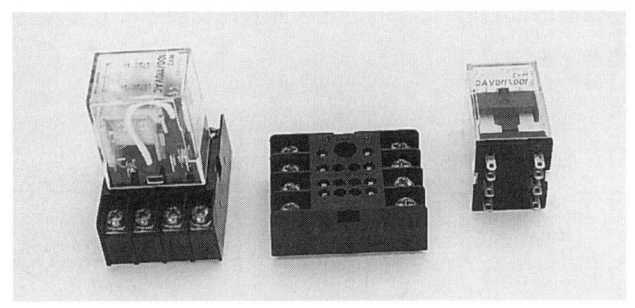

(b) 外観と端子台(ソケット)

図 2.3　リレーの構造と外観

点)は a 接点とつながる。
④　同時に，b 接点と c 接点は離れる。
⑤　AC 100 V を OFF にし，コイルの電流を切る。コイルの電流を切ることを消磁するという。
⑥　電磁石の吸引力はなくなり，c 接点は復帰ばねの働きで図の状態に戻る。

2.1.3 シーケンス図

シーケンス図は，電気回路を展開式に表したもので，機器の働きや電流の流れなどがよくわかる。図2.4はリレーシーケンス回路のシーケンス図であり，リレーの励磁回路と，リレーの接点でON-OFFをする負荷回路を示す。

図2.4は横書きシーケンス図といい，R，TまたはP，Nと記された直線は電源ラインであり，制御母線という。制御母線が単相交流の場合はR，T，直流の場合はP，Nの記号を付ける。

いま，押しボタンスイッチPBS_1を「ON」操作すると接点がONとなり，リレーR_1のコイル部は励磁され，リレーは働く。その結果，リレーのa接点は閉じ，b接点は開く。よって電球L_1は点灯し，L_2は消灯する。しかし，PBS_1を押した手を離すと励磁回路はOFFになり，元の無励磁に戻ってしまう。そこで自己保持回路が必要となる。

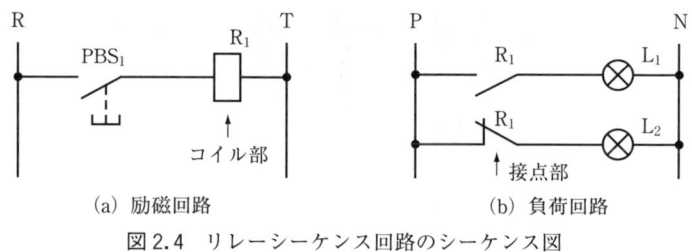

(a) 励磁回路　　　　　　(b) 負荷回路
図2.4　リレーシーケンス回路のシーケンス図

2.1.4 自己保持回路

図2.1で取り上げた押しボタンスイッチは，「ON」操作している間だけ接点が開閉し，手を離すと操作部分と接点は元の状態に戻ってしまう。このため，リレーの自己の接点を利用して，リレーの励磁を続ける回路が要求される。このような回路を自己保持回路という。図2.5は自己保持回路と負荷回路であり，リレーR_1はa接点を三つもっている。

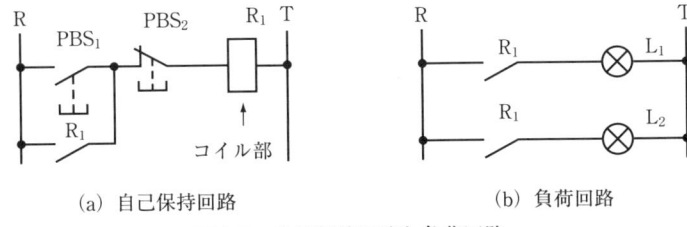

図2.5 自己保持回路と負荷回路

図2.5において，自己保持回路の動作手順を見てみよう。

① 押しボタンスイッチ PBS_1 を押す。
② PBS_1 と押しボタンスイッチ PBS_2 のb接点を通じて，リレー R_1 は励磁される。
③ このため，R_1 の三つのa接点はすべて閉じる。
④ PBS_1 を押した手を離しても，図(a)の R_1 のa接点はONになっているので，R_1 は励磁を続けることができる。
⑤ 負荷回路の二つある R_1 のa接点もONになっているので，二つの電球 L_1, L_2 は点灯を続ける。
⑥ 自己保持回路を解除するには，PBS_2 を押す。
⑦ PBS_2 が開くので，R_1 のコイルは消磁され，R_1 の三つのa接点はすべて開き，元の状態に戻る。

2.2 ラダー図

PCで用いられる展開接続図として，ラダー図がある。ラダー図は，リレーシーケンス回路のシーケンス図とよく似ている。しかし，同じものではない。

図2.6は，シーケンス図からラダー図への変換を示している。図(a)のシーケンス図は，図2.5の自己保持回路と負荷回路をまとめたものである。押しボタンスイッチ PBS_1 を押すことによって，リレー R_1 は励磁され，R_1 のa接点が閉じることによって R_1 は自己保持される。同時に，リレー R_2 と R_3 のコイルに電流

16　2　基本回路のプログラミング

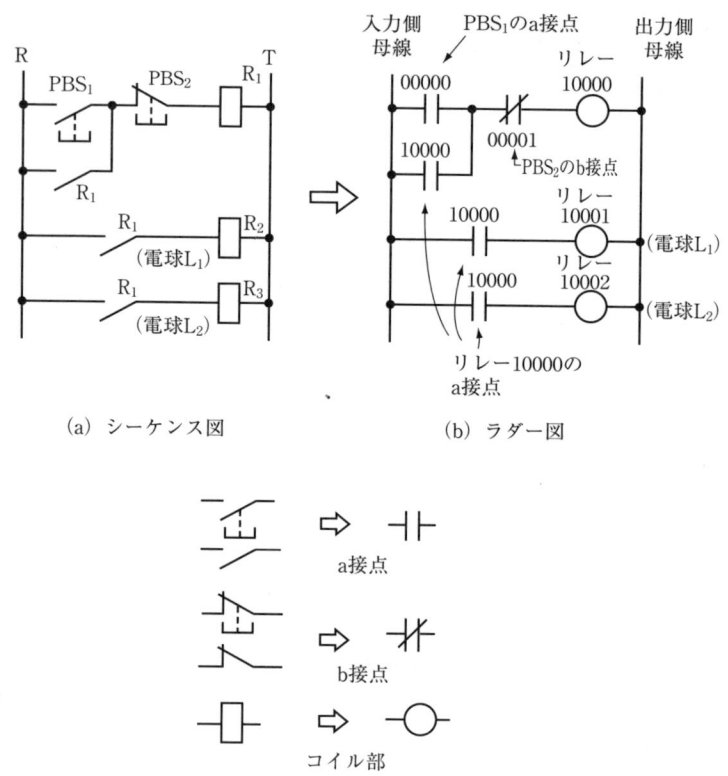

(a) シーケンス図　　(b) ラダー図

(c) 接点とコイル部の図記号

図2.6　シーケンス図からラダー図への変換

が流れ，図にはないが，R_2 と R_3 の励磁によって電球 L_1 と L_2 は点灯する．このように，シーケンス図のリレー回路は，リレーの接点とリレーのコイルに電流が流れることによって動作する．

　図(b)のラダー図は，図(a)のシーケンス図によく対応している．ラダー図は左側に**入力側母線**，右側に**出力側母線**がある．この母線間に，PCに内蔵されている入出力リレーの接点や出力コイルなどの要素を接続する．ラダー図の回路は，信号が入力側から出力側へ伝わり，**OR**，**AND**，**AND・NOT** などの論理演算によって動作する．接点はすべてa接点とb接点で表され，00000，00001，10000

などのリレー番号を付ける。コイル部には，10000，10001，10002などのリレー番号を付ける。図(c)に，接点とコイル部の図記号を示す。

2.3 プログラムの基礎

2.3.1 基本命令と応用命令

プログラマブルコントローラCQM1の基本命令と応用命令の一部を，表2.1に示す。

表2.1 CQM1の基本命令と応用命令の一部

基本命令

命　　令	シンボル	機　　能	ニモニック
ロード	─┤├─	論理スタート	LD
ロード・ノット	─┤╱├─	論理否定スタート	LD NOT
アンド	─┤├─	論理積条件で接続	AND
アンド・ノット	─┤╱├─	論理積否定条件で接続	AND NOT
オア	─┤├─┘	論理和条件で接続	OR
オア・ノット	─┤╱├─┘	論理和否定条件で接続	OR NOT
アンド・ロード	╱	前の条件との論理積	AND LD
オア・ロード	╱	前の条件との論理和	OR LD
アウト	─○─	論理演算処理の結果をリレー出力	OUT
アウト・ノット	─⊘─	論理演算処理の結果を反転してリレー出力	OUT NOT
セット	─[SET]	指定接点をON	SET
リセット	─[RSET]	指定接点をOFF	RSET
タイマ	─[TIM]	オンディレイ(減算式)タイマの動作	TIM
カウンタ	─[CNT]	減算カウンタの動作	CNT

応用命令の一部

FUN No.	命　　令	機　　能	ニモニック
00	無機能		NOP(00)
01	エンド	プログラムの終了	END(01)
10	シフトレジスタ	シフトレジスタの動作を示す	SFT(10)
11	キープ	キープリレーの動作を示す	KEEP(11)
12	可逆カウンタ	加減算カウンタの動作を示す	CNTR(12)
13	立上り微分	論理演算処理結果が，立上がり時に1スキャンだけリレーON出力する	DIFU(13)
14	立下り微分	論理演算処理結果が，立下がり時に1スキャンだけリレーON出力する	DIFD(14)
20	比較	データを比較する	CMP(20)
@21	転送	データを転送する	MOV(21)
@30	BCD加算	BCD4桁加算をする	ADD(30)

［出典：オムロン(株)，CQM1 セットアップマニュアル，p.付 4〜6］

2.3.2 プログラム作成上の注意点

　PCでは，メモリ部に記憶された命令が，0ステップ(アドレス0)からENDまで，下記の制限などに従って繰り返し実行される。
① 入出力リレー，内部補助リレー，タイマなどの接点は，リレー回路のように節約することなく，いくつでも使用できる。また，直列・並列回路での直列接点や並列接点の個数にも制限はない。
② プログラムは左から右の順に実行する。ただし，並列接続があるときは，上から下へ行き，その後，右へ向かう。図2.7は，プログラムの実行順序を番号で示している。回路の動作は次のようになる。
　　入力リレー00000がONになると，出力リレー10001はONとなり，10001のa接点が閉じるため10001は自己保持される。その30秒後に，タイマTIM 001によってTIM 001のb接点が開くので，自己保持は解除される。
③ 母線から入出力リレーの接点を接続することなく，出力リレーやタイマなどを接続することはできない。このような場合，図2.8に示すように，使用

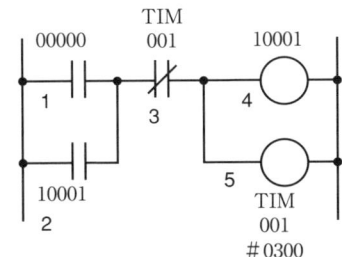

図2.7　プログラムの実行順序

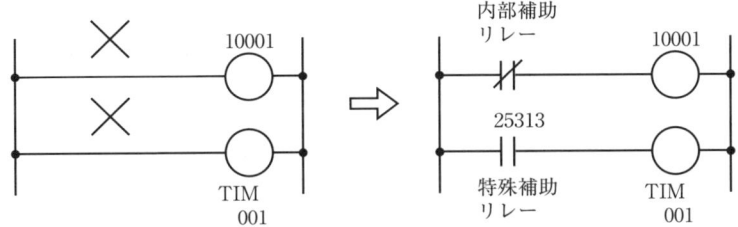

図2.8　出力リレーやタイマなどの接続

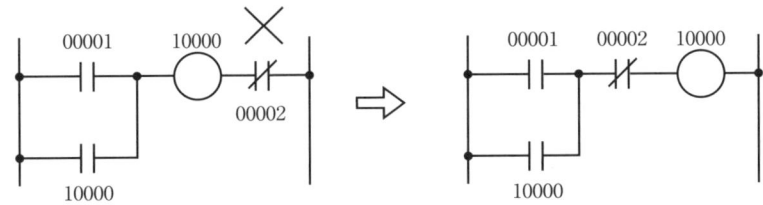

図2.9　接点の挿入位置

されていない**内部補助リレー**のb接点や**特殊補助リレー**25313（常時ON接点）を，ダミーとして入れておく。

④　図2.9のように，出力リレーやタイマの後に接点を挿入すると，必要とされる動作ができない。接点は出力リレーやタイマの前に入れる。

⑤　プログラムの終わりには，END命令を入れる。CQM1では，END命令は応用命令として用意され，END(01)で表す。

2.3.3 リレー番号

図2.10は，5章5.6節で取り上げるベルトコンベヤの繰返し運転制御のラダー図である。図に示すように，リレーやタイマ/カウンタおよびその接点には，決められたリレー番号を使用する。

本書で使用するリレーやタイマ/カウンタのリレー番号は，表2.2の範囲になっている。

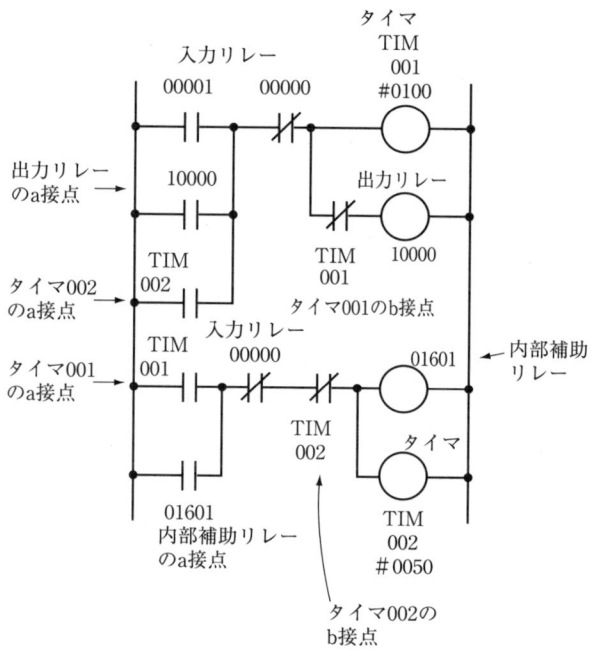

図2.10　リレー番号の一例

表2.2　リレー番号の一例

名　　称	チャネル番号	使用できるリレー番号	本書で使用するリレー番号
入力リレー	000〜015 CH	00000〜01515	00000〜00007
出力リレー	100〜115 CH	10000〜11515	10000〜10109
内部補助リレー	01600〜09515	01600〜09515	01600〜01607
タイマ/カウンタ	TIM/CNT　000〜511		TIM/CNT　000〜012

2.4 プログラミングコンソールの使い方

2.4.1 プログラミングコンソール CQM1-PRO 01 の構成

　図2.11は,プログラミングコンソール CQM1-PRO 01 の構成である。プログラミングコンソールは,PCにプログラムを書き込んだり,PCのプログラムを読み出して修正したりする装置で,モード切り替えスイッチにより,次に示すCQM1の三つの動作モードに切り替えることができる。

● プログラム(PROGRAM)モード　　このモードのとき,命令キー,数字キー,操作キーによって,プログラムの作成や変更ができる。また,運転を停止するときに設定し,プログラムの実行を停止する。

● モニタ(MONITOR)モード　　試運転のときに設定する。CQM1はプログラムを実行する。このモードでは,周辺ツールから接点を強制的にON-OFFした

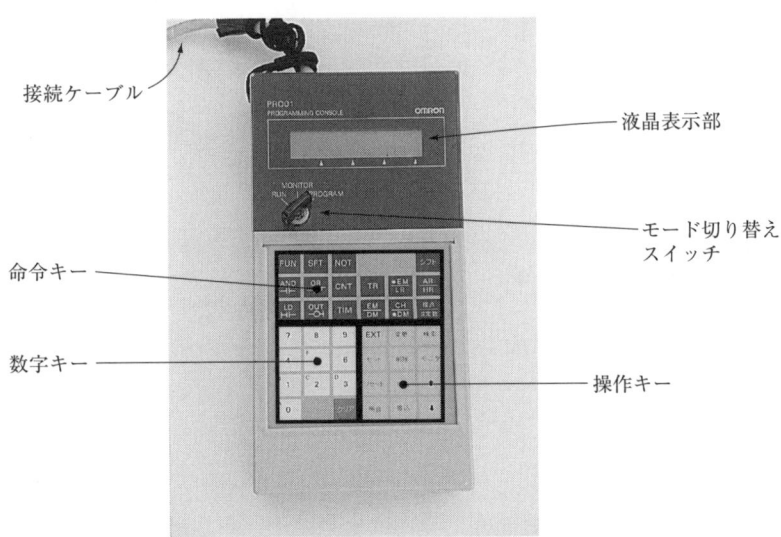

図2.11　プログラミングコンソール CQM1-PRO 01 の構成

り，チャネルの現在値や設定値を変更することができる。

● 運転(RUN)モード　　本運転のときに設定する。CQM1はプログラムを実行する。このモードでは，接点を強制的にON-OFFしたり，チャネルの現在値や設定値を変更することはできない。

2.4.2　CQM1とプログラミングコンソールの接続

プログラミングコンソールの接続ケーブルを，図2.12のようにCQM1のペリフェラルポートに接続する。

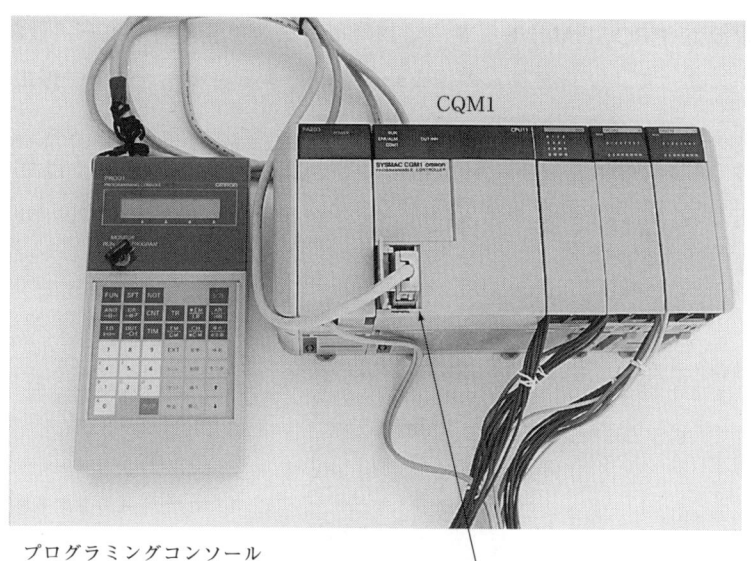

プログラミングコンソール　　　　　　　　ペリフェラルポート

図2.12　CQM1とプログラミングコンソールの接続

2.4.3 プログラムを入力する前の準備

1. 「モード切り替えスイッチ」を「PROGRAM」(プログラム)に設定する。
2. パスワード入力

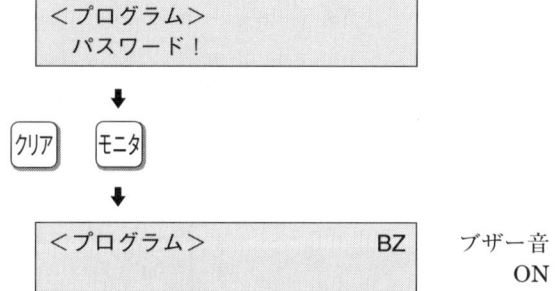

3. ブザー音の ON-OFF 切り替え

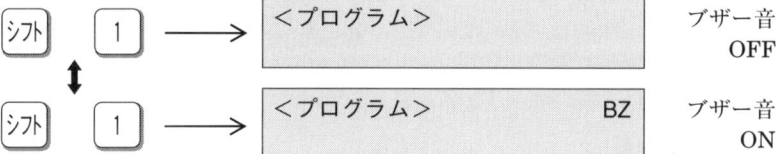

4. メモリクリア

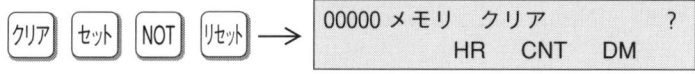

オールクリアの場合

| モニタ | → | 00000 メモリ クリア
オワリ　　HR　CNT　DM |

5. 初期画面にする

| クリア | → | 00000 |

通常は,以上の①〜⑤の操作でプログラムを入力する前の準備ができる。

2.4.4 プログラムの書き込みと訂正

図 2.13 は図 2.7 と同じラダー図で，自己保持回路とタイマによる自己保持の解除である。この回路を例に，プログラムの書き込みと訂正について説明する。

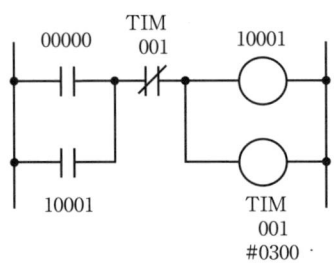

図 2.13 プログラムの書き込みと訂正

プログラム 2.1　図 2.13 のプログラム

アドレス	命　令	データ
00000	LD	00000
1	OR	10001
2	AND・NOT	TIM 001
3	OUT	10001
4	TIM	001
		#0300
5	END(01)	

■書き込み

①　初期画面

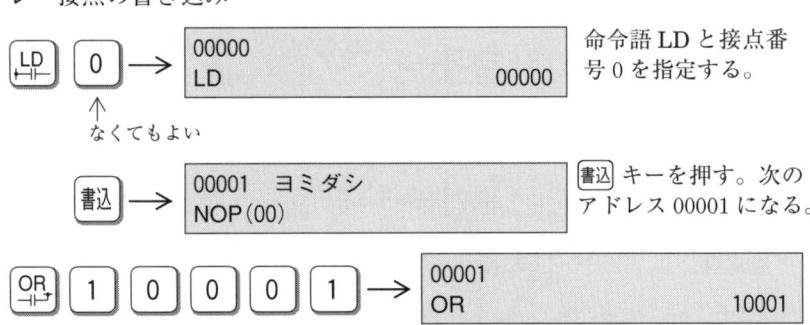

プログラムを書き込むアドレスを設定する。アドレスが 00000 の場合，クリアキーを押すだけでよい。

②　リレー接点の書き込み

| LD | 0 | → | 00000 |
| | | | LD　　　　　　　　00000 |

↑
なくてもよい

命令語 LD と接点番号 0 を指定する。

書込 → 00001　ヨミダシ
　　　 NOP(00)

書込 キーを押す。次のアドレス 00001 になる。

OR　1　0　0　0　1 → 00001
　　　　　　　　　　　OR　　　　　　　　10001

命令語の OR と接点番号 10001 を指定する。

|書込| → 00002 ヨミダシ
NOP(00)

|書込|キーを押す。次のアドレス00002になる。

|AND| |NOT| |TIM| |1| → 00002
AND NOT　　　　　　TIM　001

命令語 AND・NOT, TIM と接点番号1を指定する。

|書込| → 00003 ヨミダシ
NOP(00)

|書込|キーを押す。次のアドレス00003になる。

③ リレー出力の書き込み

|OUT| |1| |0| |0| |0| |1| → 00003
OUT　　　　　　　　　10001

命令語の OUT とリレー番号 10001 を指定する。

|書込| → 00004 ヨミダシ
NOP(00)

|書込|キーを押す。次のアドレス00004になる。

④ タイマ命令の書き込み

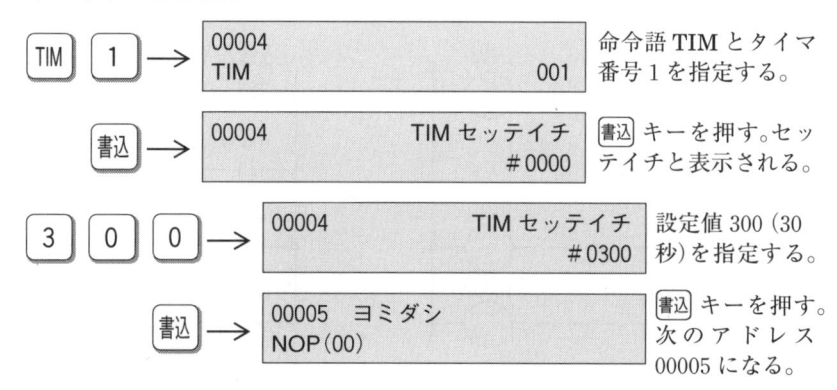

|TIM| |1| → 00004
TIM　　　　　　　　　001

命令語 TIM とタイマ番号1を指定する。

|書込| → 00004　　　　　TIM セッテイチ
#0000

|書込|キーを押す。セッテイチと表示される。

|3| |0| |0| → 00004　　　　　TIM セッテイチ
#0300

設定値 300(30秒)を指定する。

|書込| → 00005 ヨミダシ
NOP(00)

|書込|キーを押す。次のアドレス00005になる。

26　2　基本回路のプログラミング

5　エンド命令の書き込み

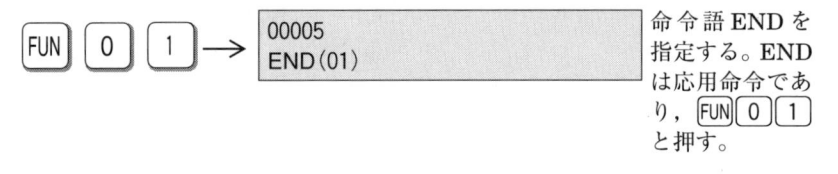

[FUN][0][1] →　00005
　　　　　　　　END(01)

命令語 END を指定する。END は応用命令であり，[FUN][0][1]と押す。

[書込] →　00006　ヨミダシ
　　　　　NOP(00)

[書込]キーを押す。すべての書き込みは終了となる。

■入力の訂正

入力を間違えたときは，[↑]キーを押して訂正するアドレスを読み出し，再入力すると上書きされる。

■設定値の訂正

設定値の入力を間違えたときは，[↑]キーを押して訂正する設定値の画面を読み出し，[接点#定数]キーを押してから正しい値を入力する。

2.4.5　命令語の挿入と削除

図 2.14 は，自己保持回路によるリレーの ON-OFF 回路である。ここで，図(a)を図(b)のように変更したい。この回路を例にして，命令語の挿入と削除の

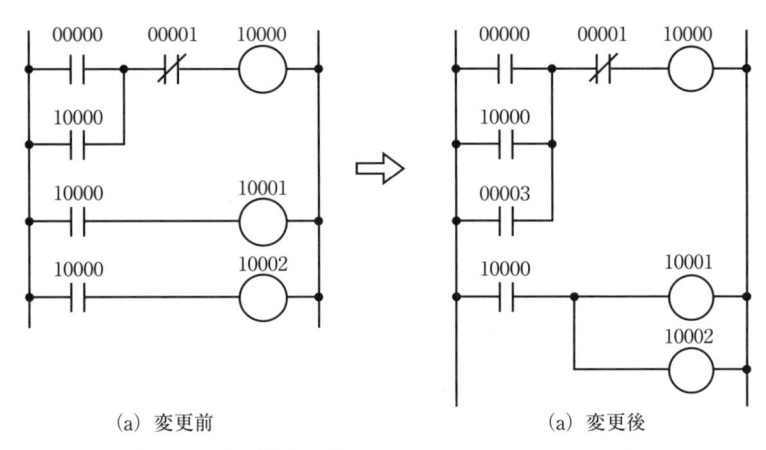

　　　　　(a) 変更前　　　　　　　　　　　(a) 変更後
　　　　　　　図 2.14　自己保持回路によるリレーの ON-OFF 回路

方法について説明する。

プログラム 2.2　図 2.14(a) のプログラム

アドレス	命　令	データ	
00000	LD	00000	
1	OR	10000	
2	AND・NOT	00001	⇐ 挿入
3	OUT	10000	
4	LD	10000	
5	OUT	10001	
6	LD	10000	⇐ 削除
7	OUT	10002	
8	END(01)		

[FUN] [0] [1] → 8 END(01)

プログラム 2.3　図 2.14(b) のプログラム

アドレス	命　令	データ
00000	LD	00000
1	OR	10000
2	OR	00003
3	AND・NOT	00001
4	OUT	10000
5	LD	10000
6	OUT	10001
7	OUT	10002
8	END(01)	

1　プログラム 2.2 のようにプログラムを書き込む。

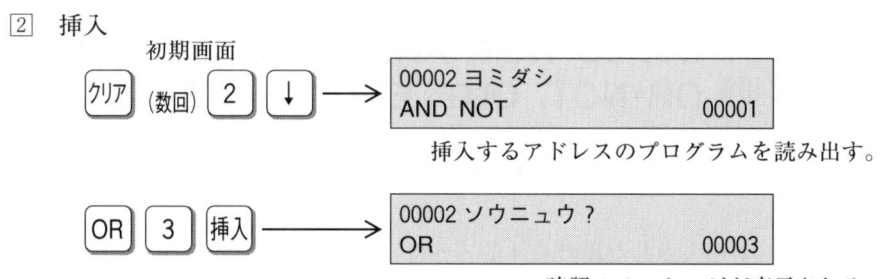

2　挿入

　初期画面
[クリア] (数回) [2] [↓] →　00002 ヨミダシ
　　　　　　　　　　　　AND NOT　　　　　00001

　　　　　　　　挿入するアドレスのプログラムを読み出す。

[OR] [3] [挿入] →　00002 ソウニュウ？
　　　　　　　　　OR　　　　　　　　00003

　　　　　　　　確認のメッセージが表示される。

2　基本回路のプログラミング

|↓| ⟶ 　00003 ソウニュウオワリ
　　　　　AND　NOT　　　　　　　　00001

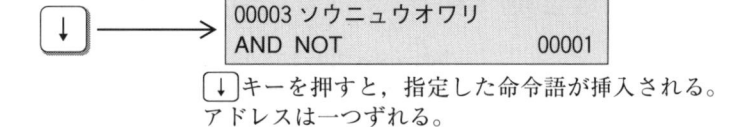

　　　　|↓|キーを押すと，指定した命令語が挿入される。
　　　　アドレスは一つずれる。

③　削除

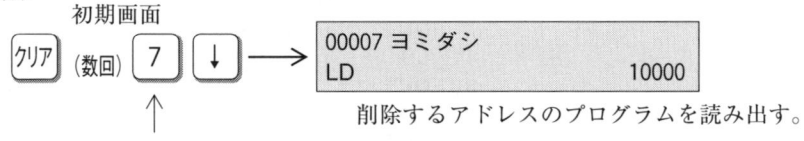

　　　　　　　初期画面
|クリア| (数回) |7| |↓| ⟶ 　00007 ヨミダシ
　　　　　　　　↑　　　　　LD　　　　　　　　　　　　　10000

　　　　　　　　　　　　　　削除するアドレスのプログラムを読み出す。

OR 00003 を挿入したので，削除する命令語 LD と
データ 10000 のアドレスは 00007 になっている。

|削除| ⟶ 　00007 サクジョ？
　　　　　LD　　　　　　　　　　　　　10000

　　　　削除を指定する。確認のメッセージが表示される。

|↑| ⟶ 　00007 サクジョオワリ
　　　　　OUT　　　　　　　　　　　　10002

　　　　|↑|キーを押すと，表示中の命令語が削除される。
　　　　次のアドレスの内容が前に詰められる。

④　確認

　　|クリア||↓||↑|キーを押すことにより，プログラムがプログラム2.3のようになっていることを確認する。

2.5　LD, LD・NOT, AND, AND・NOT, OR, OR・NOT, OUT, END(01)の使用法

　PCのもっとも基本となる入出力命令を使用して，ラダー図からプログラムを作成する。

　プログラムを入力した後の具体的操作は，PCに接続した入力実験ボックスと出力実験ボックスを使用する。PCと入出力実験ボックスとの接続図は，図1.3に示したとおりであり，入力実験ボックスの押しボタンスイッチと入力リレーは

2.5 LD, LD・NOT, AND, AND・NOT, OR, OR・NOT, OUT, END(01)の使用法　**29**

対応し，その番号は同じものとする。また，出力実験ボックスの番号0～7は，出力リレーの番号10000～10007に対応している。なお，押しボタンスイッチの接点は，断らないかぎりa接点とする。

2.5.1 直列接続

図2.15は，入力リレーと出力リレーの直列接続である。図の中に記してある0～9の数字は，プログラムのアドレスの番号と一致し，説明のために入れてある。また，次に述べるプログラムの作成で使用している番号も同様である。

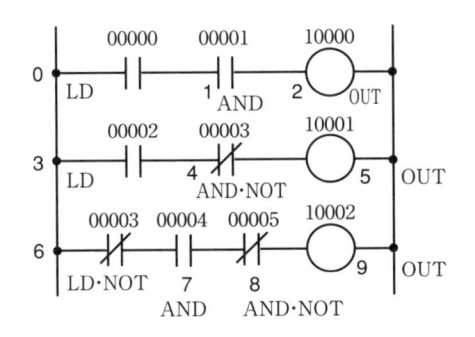

図2.15　直列接続

プログラム2.4　図2.15のプログラム

アドレス	命　令	データ
00000	LD	00000
1	AND	00001
2	OUT	10000
3	LD	00002
4	AND・NOT	00003
5	OUT	10001
6	LD・NOT	00003
7	AND	00004
8	AND・NOT	00005
9	OUT	10002
10	END (01)	

■プログラムの作成

0　入力リレー00000はa接点であり，母線から始まる最初のa接点なのでLD命令を使う。
1　入力リレー00001はa接点であり，a接点の直列接続となるのでAND命令を使う。
2　出力リレー10000は出力コイルであり，リレー出力するためOUT命令を使う。
3　入力リレー00002はa接点であり，母線から始まる最初のa接点なのでLD命令を使う。
4　入力リレー00003はb接点であり，b接点の直列接続となるのでAND・NOT命令を使う。
5　出力リレー10001は出力コイルであり，リレー出力するためOUT命令を使う。
6　入力リレー00003はb接点であり，母線から始まる最初のb接点なのでLD・NOT命令を使う。
7　入力リレー00004はa接点であり，a接点の直列接続となるのでAND命令を使う。
8　入力リレー00005はb接点であり，b接点の直列接続となるのでAND・NOT命令を使う。
9　出力リレー10002は出力コイルであり，リレー出力するためOUT命令を使う。
10　プログラムの終わりには，必ずEND(01)命令を入れる。

■回路の動作

① 00000 ONで00001 ONのとき，出力リレー10000はONになる。
② 00002 ONで出力リレー10001はONとなり，00003 ONで出力リレー10001はOFFになる。

2.5 LD, LD・NOT, AND, AND・NOT, OR, OR・NOT, OUT, END(01)の使用法 **31**

③ 00004 ON で出力リレー 10002 は ON となり，00003 あるいは 00005 を ON にすると，出力リレー 10002 は OFF になる。

ここで，00001 の押しボタンスイッチを 00006 の b 接点の押しボタンスイッチに替えてみる。そして，プログラムのアドレス 00001 のデータも 00006 に替える。すると，0，1，2 の回路は次のように動作する。

00000 ON で出力リレー 10000 は ON となり，00006 ON で出力リレー 10000 は OFF になる。

2.5.2 並列接続

図 2.16 は，入力リレーおよび出力リレーの並列接続である。

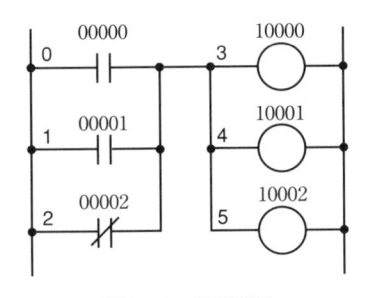

図 2.16 並列接続

プログラム 2.5 図 2.16 のプログラム

アドレス	命 令	データ
00000	LD	00000
1	OR	00001
2	OR・NOT	00002
3	OUT	10000
4	OUT	10001
5	OUT	10002
6	END (01)	

■プログラムの作成

0 　入力リレー 00000 は a 接点であり，母線から始まる最初の a 接点なので LD 命令を使う。

1 　入力リレー 00001 は a 接点であり，a 接点の並列接続となるので OR 命令を使う。

2 　入力リレー 00002 は b 接点であり，b 接点の並列接続となるので OR・NOT 命令を使う。OR 命令や OR・NOT 命令は，いくつでも続けて使うことができる。

出力リレーは何個でも並列に接続することができ，リレー出力するためOUT命令を続けて使う。

■回路の動作

① 入力リレー00002はb接点であり，運転と同時に三つの出力リレーはすべてONになる。
② 00002 ONで，三つの出力リレーはすべてOFFになる。
③ 00002 ONのままで，00000あるいは00001をONにすると，三つの出力リレーはすべてONになる。

2.5.3 直並列接続（自己保持回路とインタロック回路）

図2.17は，入力リレーと出力リレーの直並列接続であり，自己保持回路とインタロック回路になっている。この回路のタイムチャートを図2.18に示す。

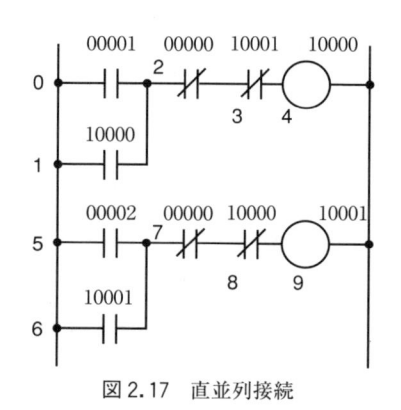

図2.17 直並列接続

プログラム2.6　図2.17のプログラム

アドレス	命　令	データ
00000	LD	00001
1	OR	10000
2	AND・NOT	00000
3	AND・NOT	10001
4	OUT	10000
5	LD	00002
6	OR	10001
7	AND・NOT	00000
8	AND・NOT	10000
9	OUT	10001
10	END (01)	

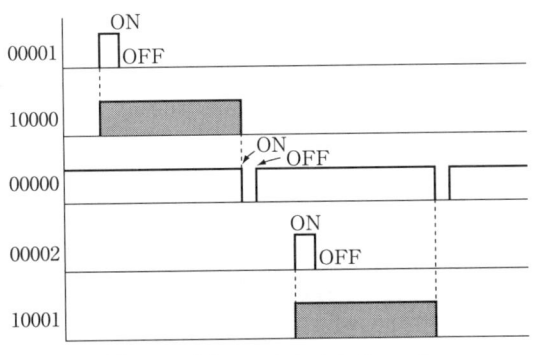

2.5 LD, LD・NOT, AND, AND・NOT, OR, OR・NOT, OUT, END(01)の使用法　　**33**

図 2.18　図 2.17 のタイムチャート

■プログラムの作成

図 2.15, 図 2.16 と同様に作成する。AND 命令や AND・NOT 命令は, いくつでも続けて使うことができる。

■回路の動作

① 00001 ON で出力リレー 10000 とその a 接点は ON となり, 00001 が OFF になっても, 出力リレー 10000 は自己保持される。このような回路を自己保持回路という。

② 入力リレー 00000 は b 接点であり, 00000 ON で出力リレー 10000 の自己保持は解除され, 10000 は OFF になる。

③ 00002 ON で出力リレー 10001 とその a 接点は ON となり, 00002 が OFF になっても, 出力リレー 10001 は自己保持される。

④ 00000 ON で出力リレー 10001 の自己保持は解除され, 10001 は OFF になる。

⑤ この回路は, 出力リレー 10000 側に出力リレー 10001 の b 接点があり, 出力リレー 10001 側に出力リレー 10000 の b 接点がある。これは, 一方の出力リレーが励磁されると, 他方の回路が開いて動作ができないようにしている。このようなことを「インタロックをかける」といい, そのための回路をインタロック回路と呼んでいる。

⑥ また，この回路は，00001 あるいは 00002 のどちらを先に ON にするかによって優先度が与えられるため，並列優先回路ともいう。

⑦ 並列優先回路は，互いにインタロックをかけあっているため，インタロックをかけられた回路を動作させるには，b 接点の 00000 を ON にし，インタロックを外す必要がある。

2.6　AND・LD，OR・LD の使用法

AND・LD（アンド・ロード）は，並列回路ブロックを直列にまとめる。
OR・LD（オア・ロード）は，直列回路ブロックを並列にまとめる。

2.6.1　並列回路ブロックの直列接続

図 2.19 は，二つの並列回路ブロックの直列接続である。

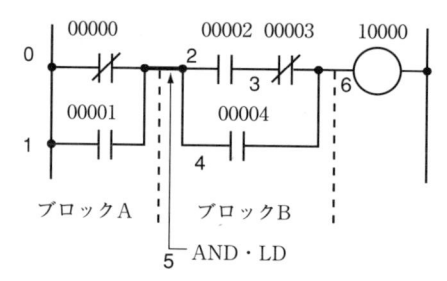

図 2.19　並列回路ブロックの直列接続

プログラム 2.7　図 2.19 のプログラム

	アドレス	命 令	データ
ブロック A	00000	LD・NOT	00000
	1	OR	00001
ブロック B	2	LD	00002
	3	AND・NOT	00003
	4	OR	00004
ブロックと ブロックを 直列接続 →	5	AND・LD	
	6	OUT	10000
	7	END (01)	

2.6 AND・LD, OR・LD の使用法　**35**

■プログラムの作成

　図 2.19 のブロックの数は，ブロック A，ブロック B の二つであるが，ブロックの数は 8 個以下にする。

0 ｝　b 接点の入力リレー 00000 と a 接点の入力リレー 00001 は並列接続で，ブ
1 　ロック A を形成する。
2 ｝　a 接点の入力リレー 00002 と b 接点の入力リレー 00003 は直接接続で，こ
3 　れらが a 接点の入力リレー 00004 と並列接続し，ブロック B を形成する。
4 　この場合，母線から始まる a 接点と同じ LD 命令を使う。
5 　ブロック A とブロック B の直列接続は，AND・LD 命令を使う。
6 　リレー出力は OUT 命令を使う。

■回路の動作

① 　00002 ON で，出力リレー 10000 は ON になる。このとき，00000 あるいは 00003 を ON にすると，出力リレー 10000 は OFF になる。
② 　00004 ON で，出力リレー 10000 は ON になる。このとき，00000 を ON にすると，出力リレー 10000 は OFF になる。この状態で 00001 を ON にすると，出力リレー 10000 は ON になる。

2.6.2　直列回路ブロックの並列接続

　図 2.20 は，三つの直列回路ブロックの並列接続である。

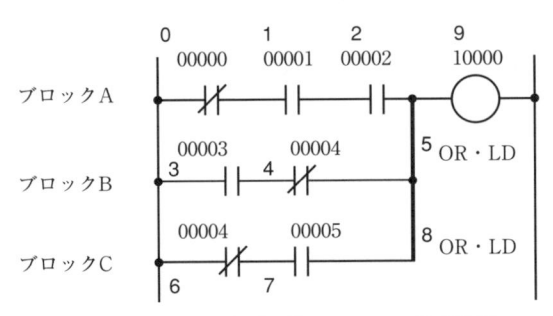

図 2.20　直列回路ブロックの並列接続

プログラム 2.8　図 2.20 のプログラム

アドレス	命　令	データ
00000	LD・NOT	00000
1	AND	00001
2	AND	00002
3	LD	00003
4	AND・NOT	00004
5	OR・LD	
6	LD・NOT	00004
7	AND	00005
8	OR・LD	
9	OUT	10000
10	END (01)	

■プログラムの作成

　図 2.20 のブロックの数は，ブロック A, B, C の三つであるが，ブロックの数は 8 個以下にする。

```
0 ┐
1 ├ 入力リレー 00000, 00001, 00002 は直列接続で，ブロック A を形成する。
2 ┘

3 ┐
4 ┘ 入力リレー 00003, 00004 は直列接続で，ブロック B を形成する。

5   ブロック A とブロック B の並列接続は，OR・LD 命令を使う。

6 ┐
7 ┘ 入力リレー 00004, 00005 は直列接続で，ブロック C を形成する。

8   ブロック A,B の並列接続とブロック C の並列接続は，OR・LD 命令を使う。
9   リレー出力は OUT 命令を使う。
```

■回路の動作

① 00001 と 00002 ON で，出力リレー 10000 は ON になる。このとき，00000 を ON にすると，出力リレー 10000 は OFF になる。

② 00003 ON で，出力リレー 10000 は ON になる。このとき，00004 を ON

にすると，出力リレー 10000 は OFF になる。
③ 00005 ON で，出力リレー 10000 は ON になる。このとき，00004 を ON にすると，出力リレー 10000 は OFF になる。

2.7 SET，RSET の使用法

SET(セット)は，入力条件が ON になったとき指定接点を ON にする。
RSET(リセット)は，入力条件が ON になったとき指定接点を OFF にする。
入力条件が OFF になっても，指定接点の状態は変わらない。

2.7.1 SET，RSET を使用した自己保持とインタロック

図 2.21 は，SET，RSET を使用した自己保持とインタロックであり，図 2.17 と同じ動作をする。図 2.22 は，図 2.21 のタイムチャートである。

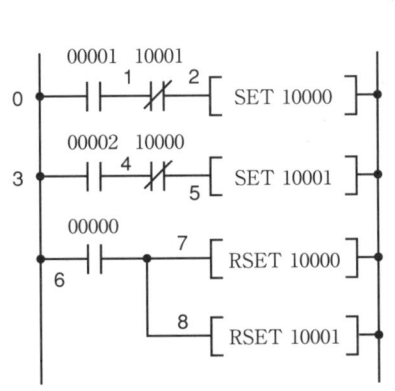

図 2.21 SET，RSET を使用した自己保持とインタロック

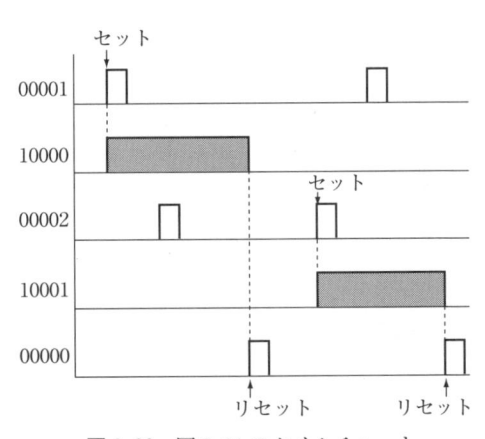

図 2.22 図 2.21 のタイムチャート

プログラム 2.9　図 2.21 のプログラム

アドレス	命令	データ
00000	LD	00001
1	AND・NOT	10001
2	SET	10000
3	LD	00002
4	AND・NOT	10000
5	SET	10001
6	LD	00000
7	RSET	10000
8	RSET	10001
9	END (01)	

[FUN][セット] → 2
[FUN][セット] → 5
[FUN][リセット] → 7
[FUN][リセット] → 8

■プログラムの作成

0) 　入力リレー 00001 とインタロック接点 10001 はセットの入力条件となり,
1) 直列接続をする.

2　SET 命令により, 出力リレー 10000 をセットする. SET の入力は, [FUN][セット] の順にキーを押す.

3) 　入力リレー 00002 とインタロック接点 10000 はセットの入力条件となり,
4) 直列接続をする.

5　SET 命令により, 出力リレー 10001 をセットする.

6　入力リレー 00000 はリセットの入力条件となり, LD 命令を使う.

7) 　RSET 命令により, セットされている出力リレー 10000 や 10001 をリセットする.
8) RSET の入力は, [FUN][リセット] の順にキーを押す.

■回路の動作

① 00001 ON で, 出力リレー 10000 はセット(保持)され, 00000 ON で, 出力リレー 10000 はリセット(解除)される.

② 00002 ON で, 出力リレー 10001 はセットされ, 00000 ON で, 出力リレー 10001 はリセットされる.

③ このように, 動作としては, 自己保持と自己保持の解除をしている.

④ 出力リレー 10001 の b 接点は出力リレー 10000 の入力側にあり，出力リレー 10000 の b 接点は出力リレー 10001 側にある。このように，インタロックをかけあっているため，出力リレー 10000 と 10001 が同時に ON になることはない。

2.8 TIM の使用法

TIM（タイマ）は，減算式オンディレータイマの動作をする。オンディレータイマ回路は，入力信号を受けてから，設定した時間後にタイマ出力が動作する。これに対し，オフディレータイマは，入力信号を取り去ってから，設定した時間後にタイマ出力が動作する。

タイマ番号は 000～511 の範囲で使う。

設定値は 0000～9999 であり，このとき，設定時間は 0～999.9 秒（0.1 秒単位）である。

2.8.1 オンディレータイマ

図 2.23 は，オンディレータイマによって，出力リレーを 30 秒間だけ動作させる回路である。そのタイムチャートを図 2.24 に示す。

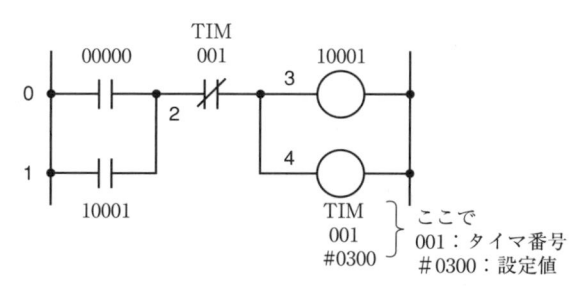

図 2.23　オンディレータイマ

40　2　基本回路のプログラミング

プログラム 2.10　図 2.23 のプログラム

アドレス	命　令	データ
00000	LD	00000
1	OR	10001
2	AND・NOT	TIM 001
3	OUT	10001
4	TIM	001
		#0300
5	END (01)	

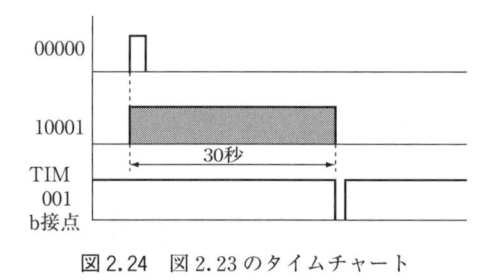

図 2.24　図 2.23 のタイムチャート

■プログラムの作成

0
1
2
3
　　出力リレー 10001 の自己保持回路と，タイマの b 接点による自己保持の解除である。図 2.17 と同様に作成する。

4　TIM（タイマ）は，出力リレー 10001 と並列に接続されているので，OUT 命令に続けて TIM 命令となる。TIM 命令，タイマ番号 001 を書き込み，次に設定値 0300 を書き込む。

■回路の動作

① 00000 ON で，出力リレー 10001 は ON となり，出力リレー 10001 の a 接点は閉じ，00000 が OFF になっても出力リレー 10001 は自己保持される。
② 同時に，タイマは通電し，30 秒経過するとタイマの b 接点 TIM 001 は開く。
③ したがって，出力リレー 10001 の自己保持は解除される。

2.8.2　オフディレータイマ

　図 2.25 は，オンディレータイマを利用してオフディレータイマを作る回路である。a 接点の押しボタンスイッチ 00000 を ON にし，押しボタンスイッチを押した手を離してから 5 秒後にタイマ出力は動作し，リレー出力 10001 は OFF になる。図 2.26 は，図 2.25 のタイムチャートである。

2.8 TIM の使用法　**41**

プログラム 2.11　図 2.25 のプログラム

アドレス	命　令	データ
00000	LD	00000
1	OR	10001
2	AND・NOT	TIM 001
3	OUT	10001
4	AND・NOT	00000
5	TIM	001
		#0050
6	END (01)	

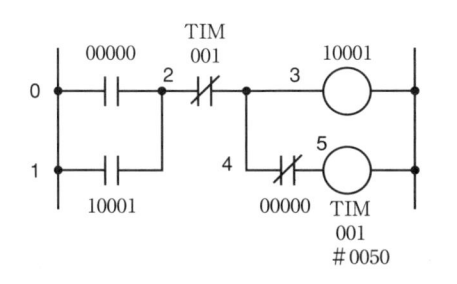

図 2.25　オフディレータイマ

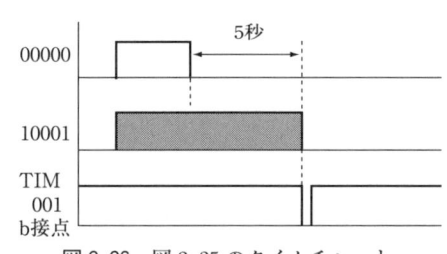

図 2.26　図 2.25 のタイムチャート

■プログラムの作成

0〜3　ここまでは，図 2.23 と同じである。

4〜5　タイマの前に，入力リレー 00000 の b 接点が直列に入る。

■回路の動作

① 00000 ON によって，出力リレー 10001 は自己保持される。

② 同時に，タイマと直列接続している入力リレー 00000 の b 接点は開く。このため，タイマはまだ通電していない。

③ 00000 を押した手を離すと，入力リレー 00000 の b 接点は閉じ，タイマは通電する。

④ タイマの設定時間 5 秒が経過すると，タイマの b 接点 TIM 001 は開き，出力リレー 10001 の自己保持は解除される。

2.9 CNT の使用法

CNT(カウンタ)は，カウント入力の立上がり(OFF→ON)時に1回計数する。このカウント入力が設定値に達すると出力接点が動作する。

```
カウント入力─┬─┌CNT
             │  │カウンタ番号
リセット入力─┴─└設定値
```

- カウンタ番号はタイマ番号と共用で，000～511となっている。タイマ番号と重複してはならない。
- 設定値は 0000～9999 とする。
- カウンタ命令は，カウント入力，リセット入力，CNT 命令の順に入力する。

2.9.1 カウンタ

図 2.27 は，カウンタ回路によるカウント入力の計数とリセットである。タイムチャートを図 2.28 に示す。

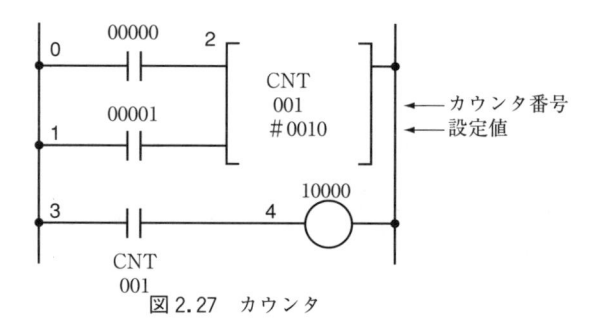

図 2.27 カウンタ

プログラム 2.12 図 2.27 のプログラム

アドレス	命 令	データ
00000	LD	00000
1	LD	00001
2	CNT	001
		#0010
3	LD	CNT 001
4	OUT	10000
5	END (01)	

2.9 CNT の使用法　**43**

```
カウント入力
00000          ┌┐  ┌┐  ┌┐  ┌┐  ┌┐  ┌┐  ┌┐  ┌┐  ┌┐  ┌┐
設定値
  10            9   8   7   6   5   4   3   2   1   0  ← 現在値
CNT
001の
a接点
10000  ─────────────────────────────────────────────┐    ┌──
                                                    └────┘
リセット入力
00001  ──────────────────────────────────────────────┐  ┌─
                                                     └──┘
```

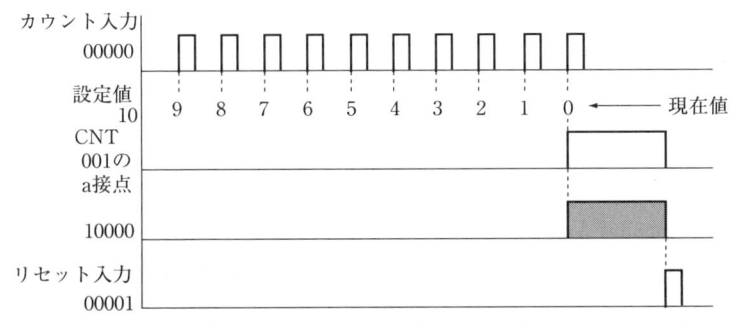

図 2.28　図 2.27 のタイムチャート

■プログラムの作成

> 0 ⎫ カウント入力 00000，リセット入力 00001 はともに a 接点であり，母線
> 1 ⎭ から始まる最初の a 接点なので LD 命令を使う。
> 2　LD 命令に続く CNT 命令は，そのまま CNT 命令，カウンタ番号を書き込み，次に設定値を書き込む。
> 3　カウンタの a 接点 CNT 001 を，LD 命令で入力側母線につなぐ。
> 4　OUT 命令で，出力リレー 10000 を出力側母線につなぐ。

■回路の動作

① このカウンタは減算式カウンタの動作をし，カウント入力が 1 回あるごとに，設定値から 1 を減じる。

② したがって，設定値が 10 の場合，カウント入力が 3 回あれば，現在値は 7 である。

③ カウントが進み，現在値が 0 になるとカウント出力となり，カウンタの a 接点 CNT 001 は ON になる。よって，出力リレー 10000 は ON になる。

④ リセット入力 00001 ON により，カウンタはリセットされ，出力リレー 10000 は OFF になる。

2.10 CNTR の使用法

CNTR（可逆カウンタ）は加減算カウンタの動作をする。

加算カウント入力 ─┐ ┌ CNTR(12)
減算カウント入力 ─┤ │ カウンタ番号
リセット入力 ───┘ └ 設定値

- 加算カウント入力，減算カウント入力は，入力信号の立上がり（OFF→ON）時に1回計数される。
- カウンタ番号はタイマ番号と共用で，000〜511となっている。タイマ番号と重複してはならない。
- 可逆カウンタ命令は，加算カウント入力，減算カウント入力，リセット入力，CNTR(12)命令の順に入力する。

2.10.1 可逆カウンタ

図2.29は，可逆カウンタによる加減算カウントであり，そのタイムチャートを図2.30に示す。

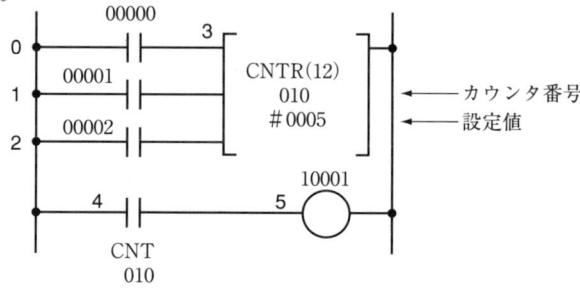

図 2.29　可逆カウンタ

プログラム 2.13　図2.29のプログラム

アドレス	命　令	データ
00000	LD	00000
1	LD	00001
2	LD	00002
3	CNTR (12)	010
		#0005
4	LD	CNT 010
5	OUT	10001
6	END (01)	

[FUN] [1] [2] → 3

2.10 CNTR の使用法　**45**

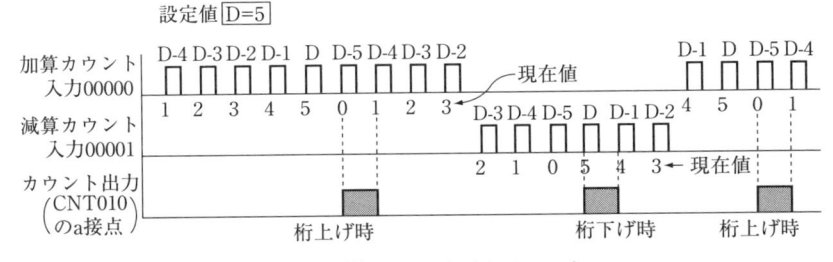

図 2.30　図 2.29 のタイムチャート

■プログラムの作成

0 ⎫
1 ⎬　加算カウント入力 00000，減算カウント入力 00001，リセット入力 00002
2 ⎭　はともに a 接点であり，母線から始まる最初の a 接点なので，LD 命令を使う。
3　CNTR（可逆カウンタ）は応用命令であり，[FUN][1][2] と入力し，カウンタ番号を書き込み，次に設定値を書き込む。
4　カウンタの a 接点 CNT 010 を，LD 命令で入力側母線につなぐ。
5　OUT 命令で，出力リレー 10001 を出力側母線につなぐ。

■回路の動作

① リセット入力 00002 ON で，可逆カウンタの現在値をクリアする。
② 加算カウント入力 00000 の ON-OFF により，カウンタは加算され，現在値は増加する。
③ 設定値が 5 の場合，加算カウント数が 6 になると現在値は 0 になる。
④ すると，カウント出力となり，カウンタの a 接点 CNT 010 は ON になる。よって，出力リレー 10001 は ON になる。
⑤ 次の加算カウント入力（現在値 1），または，リセット入力 00002 ON（現在値 0）によって，カウント出力は OFF になる。
⑥ 現在値 1 から加算カウント入力が続き，現在値が 3 になったとする。このとき，減算カウント入力があり，減算カウントが三つ続くと，現在値は 0 になり，次の減算カウント（現在値 5）によって，カウント出力となる。

⑦　さらに，次の減算カウント入力(現在値4)，または，リセット入力00002 ON(現在値0)によって，カウント出力はOFFになる。

2.11　SFTの使用法

SFT(シストレジスタ)は，指定チャネルのデータをビット単位でシフトさせる。

```
データ入力─────┬SFT(10)
シフト信号入力──┤  D₁
リセット入力───┴  D₂

    D₁：開始チャネル番号
    D₂：終了チャネル番号
    D₁≦D₂
```

- データ入力の状態(ON=1, OFF=0)を D_1 チャネルのLSB(最下位ビット)に入れる。
- このためには，データ入力ONの状態でシフト信号入力をONにする。すると，D_1 チャネルのLSB(最下位ビット)にデータが入る。
- データ入力をOFFとし，シフト信号入力をON-OFFさせることにより，データはビット単位でシフトする。
- リセット入力ONにより，D_1, D_2 チャネルはリセット(すべて0)される。

2.11.1　出力リレーの順次ON-OFF移動

図2.31は，シフトレジスタによる8個の出力リレーの順次ON-OFF移動である。

■プログラムの作成

```
0
1   SFT命令は，データ入力，シフト信号入力，リセット入力，SFT命令の
2   順にプログラムを作る。
3
4   SFT(シフトレジスタ)は応用命令であり，[FUN][1][0]と入力し，開始チャ
    ネル番号を書き込み，次に終了チャネル番号を書き込む。ここでは，$D_1 = D_2$
    でよい。

5   01600〜01607は，内部補助リレーのa接点であり，LD命令で入力側母
〜   線につなぐ。8個の出力リレー10000〜10007は，すべてOUT命令で出力
20  側母線につなぐ。
```

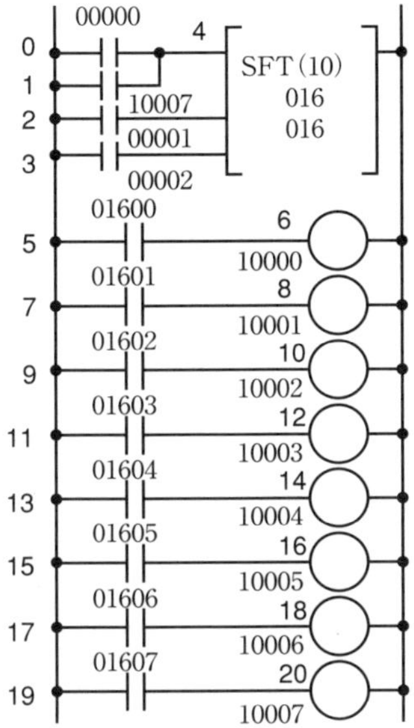

2.11 SFT の使用法　**47**

プログラム 2.14　図 2.31 のプログラム

アドレス	命　令	データ
00000	LD	00000
1	OR	10007
2	LD	00001
3	LD	00002
4	SFT (10)	016
		016
5	LD	01600
6	OUT	10000
7	LD	01601
8	OUT	10001
9	LD	01602
10	OUT	10002
11	LD	01603
12	OUT	10003
13	LD	01604
14	OUT	10004
15	LD	01605
16	OUT	10005
17	LD	01606
18	OUT	10006
19	LD	01607
20	OUT	10007
21	END (01)	

[FUN] [1] [0] →

図 2.31　シフトレジスタ

■回路の動作

① データ入力 00000 を ON のままにし，シフト信号入力 00001 を 2 回 ON-OFF させてみる。すると，016 チャネルの LSB（最下位ビット）とその一つ上位ビットに入ったデータは，00001 を ON-OFF させることにより上位ビットへ 1 ビットずつシフトする。

② データ入力 00000 に，出力リレー 10007 の a 接点が並列接続されているため，順次移動は繰り返し行われる。

③ すべてのデータをリセットするには，リセット入力 00002 を ON にする。

④ アドレス 00002 の命令のデータを，00001 から 25502 に替えてみる。25502 は特殊補助リレーで，1 秒クロックを作る。

⑤ そして，00000 を 1 秒間ほど ON にしてみる。

■⑥ 1秒間隔で，出力リレーは ON-OFF シフト移動をする。

2.12 CMP の使用法

CMP(比較)は，チャネルデータや定数を 16 進 4 桁で比較する。

```
──┬─┐
  │CMP(20)│
  │  S_1  │
  │  S_2  │
```
S_1：比較データ 1
S_2：比較データ 2

- 指定された二つのチャネルのデータや定数を，16 進 4 桁で比較する。
- 比較結果が，$S_1 > S_2$ なら 25505 ON
  $S_1 = S_2$ なら 25506 ON
  $S_1 < S_2$ なら 25507 ON

2.12.1 入力加算カウント数の比較

図 2.32 は，入力加算カウント数の比較である。

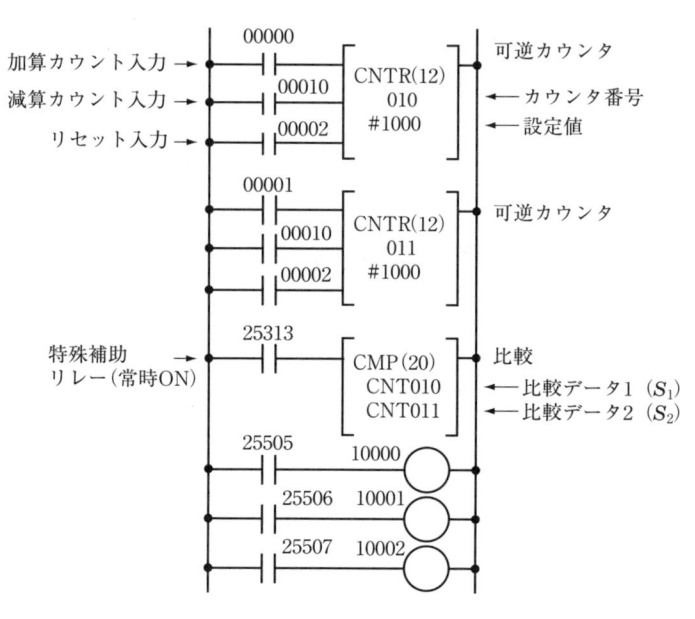

図 2.32　入力加算カウント数の比較

プログラム 2.15　図 2.32 のプログラム

アドレス	命　令	データ
00000	LD	00000
1	LD	00010
2	LD	00002
3	CNTR (12)	010
		＃1000
4	LD	00001
5	LD	00010
6	LD	00002
7	CNTR (12)	011
		＃1000
8	LD	25313
9	CMP (20)	
		CNT 010
		CNT 011
10	LD	25505
11	OUT	10000
12	LD	25506
13	OUT	10001
14	LD	25507
15	OUT	10002
16	END (01)	

[FUN][1][2]→ 3行目、7行目
[FUN][2][0]→ 9行目

■回路の動作

① リセット入力 00002 ON で，二つの可逆カウンタの現在値をクリアする。

② このとき，二つの可逆カウンタの現在値 CNT 010 と CNT 011 の値は 0 で，$S_1 = S_2$ となり，**特殊補助リレー** 25506 は ON。したがって，出力リレー 10001 は ON となる。

③ 加算カウント入力 00000 を数回 ON-OFF させると，CNT 010 の値は増加し，$S_1 > S_2$ となる。このため，特殊補助リレー 25505 は ON となる。したがって，出力リレー 10000 は ON となる。

④ 加算カウント入力 00001 を数回 ON-OFF させると，$S_1 = S_2$ となり，25506 は ON となり，出力リレー 10001 は ON になる。

⑤ 次に 00001 を ON にすると，$S_1 < S_2$ となり，特殊補助リレー 25507 は ON で，出力リレー 10002 は ON になる。

3 応用回路のプログラミング

　出力リレーの ON-OFF 時間制御，フリップフロップ回路，オールタネイト回路，フリッカ回路に続き，本章では，実用的な応用回路であるタイマ付警報装置，交通信号機，加減乗除とその表示などの動作を取り上げる。
　タイマ付警報装置では，回路のプログラミングと，ディジタル IC やディスクリート部品を使用した装置について詳しく述べ，回路の動作を学ぶとともに，両者を比較検討することができる。
　交通信号機の動作は，実際に交差点の交通信号機の点滅動作を調べたもので，PC の利用価値がよくわかる。
　PC は，リレー接点出力ユニットを使用することにより，交通信号機のような複雑なシーケンス制御をすることができる。一方，トランジスタ出力ユニットと 7 セグメイト表示器の利用により，数字をディジタル表示することもできる。ここでは，基礎的な加減乗除とその表示について学んでいく。

3.1　出力リレーの ON-OFF 時間制御

　図 3.1 は，8 個の出力リレーを 4 個ずつ 5 秒間隔で ON-OFF させる。

■回路の動作

① 押しボタンスイッチ 00000（入力リレー 00000）を ON にすると，出力リレー 10000 は，その a 接点 10000 によって自己保持される。
② 同時に，出力リレー 10000 と並列接続している出力リレー 10001〜10003 とタイマ TIM 001 は，自己保持される。出力リレー 10000〜10003 は ON になる。
③ 時間が 5 秒経過すると，オンディレータイマの働きによって，タイマの b 接点 TIM 001 は開き，②の自己保持は解除される。出力リレー 10000〜10003 は OFF になる。

④ 同時に，タイマのa接点TIM 001はONになり，出力リレー10004は，そのa接点10004によって自己保持される。タイマのa接点TIM 001は一瞬でOFFに戻る。

⑤ 同時に，出力リレー10004と並列接続している出力リレー10005～10007とタイマTIM 002は，自己保持される。出力リレー10004～10007はONになる。

⑥ 時間が5秒経過すると，タイマのb接点TIM 002は開き，⑤の自己保持は解除される。同時に，00000と並列接続しているタイマのa接点TIM 002はONになる。出力リレー10004～10007はOFF，10000～10003はONになる。

⑦ 以上のようにして，動作は繰り返される。

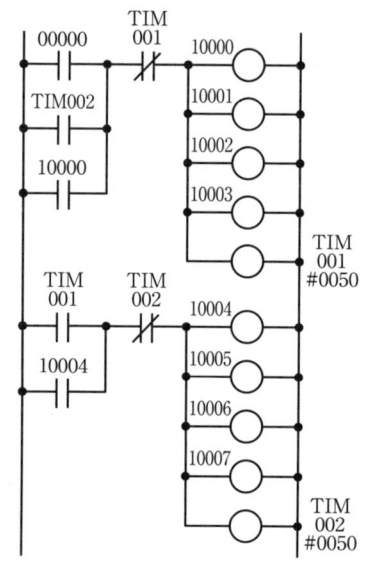

図3.1 出力リレーのON-OFF時間制御

プログラム3.1　図3.1のプログラム

アドレス	命　令	データ
00000	LD	00000
1	OR	TIM 002
2	OR	10000
3	AND・NOT	TIM 001
4	OUT	10000
5	OUT	10001
6	OUT	10002
7	OUT	10003
8	TIM	001 #0050
9	LD	TIM 001
10	OR	10004
11	AND・NOT	TIM 002
12	OUT	10004
13	OUT	10005
14	OUT	10006
15	OUT	10007
16	TIM	002 #0050
17	END (01)	

3.2 フリップフロップ回路

　図 3.2 は，フリップフロップ回路といい，そのタイムチャートを図 3.3 に示す。フリップフロップとは，公園にあるシーソーの「ギッコン，バッタン」というような意味があり，一方が高ければもう一方は低くなっている。図 3.2 では，出力リレー 10000 が ON であれば出力リレー 10001 は OFF であり，10000 が OFF であれば 10001 は ON になる。

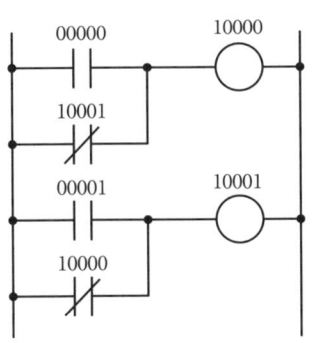

図 3.2　フリップフロップ回路

プログラム 3.2　図 3.2 のプログラム

アドレス	命　令	データ
00000	LD	00000
1	OR・NOT	10001
2	OUT	10000
3	LD	00001
4	OR・NOT	10000
5	OUT	10001
6	END (01)	

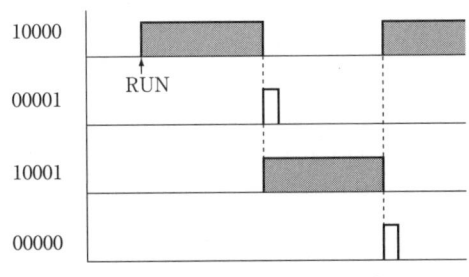

図 3.3　図 3.2 のタイムチャート

■回路の動作

① プログラミングコンソールのモード切り替えスイッチを，モニタあるいは運転モードにすると，出力リレー 10000 が ON になる。

② これは，出力リレー 10000 と直列に，出力リレー 10001 の b 接点が入っ

ているので，出力リレー 10000 は励磁されるからである。
③ このとき，出力リレー 10000 は ON なので，その b 接点 10000 は開いていて，出力リレー 10001 は無励磁である。したがって，出力リレー 10001 は OFF。
④ 押しボタンスイッチ 00001（入力リレー 00001）を ON にすると，出力リレー 10001 は ON になり，その b 接点 10001 が開くので，出力リレー 10000 は OFF になる。
⑤ 同時に，出力リレー 10000 の b 接点が閉じるので，00001 は押した手を離しても，出力リレー 10001 は ON を続けることができる。
⑥ 次に，押しボタンスイッチ 00000（入力リレー 00000）を ON にすると，④，⑤と同様にして，出力リレー 10000 は ON，出力リレー 10001 は OFF になる。

3.3 オールタネイト回路

3.3.1 内部補助リレーによる入力信号のパルス化

図 3.4 はオールタネイト回路といって，入力信号の ON-OFF を繰り返すことにより，出力の状態が交互に反転する回路である。タイムチャートを図 3.5 に示す。

■回路の動作
① 押しボタンスイッチ 00000（入力リレー 00000）を押すと，内部補助リレー 01601 は ON になる。
② すると，回路の二段目にある内部補助リレー 01601 の a 接点は ON となり，内部補助リレー 01602 も ON になる。
③ しかし，三段目にある a 接点 01601 も ON になるため，内部補助リレー 01603 は励磁され，二段目の 01603 の b 接点は開く。
④ このため，01602 は瞬時に ON から OFF に戻る。
⑤ ①〜④の動作は，入力信号のパルス化である。

3.3 オールタネイト回路

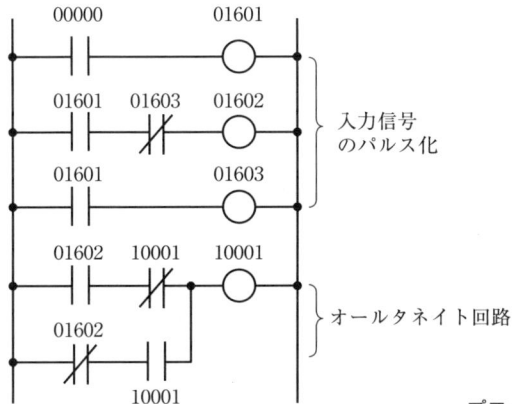

図 3.4 オールタネイト回路

図 3.5 図 3.4 のタイムチャート

プログラム 3.3　図 3.4 のプログラム

アドレス	命　令	データ
00000	LD	00000
1	OUT	01601
2	LD	01601
3	AND・NOT	01603
4	OUT	01602
5	LD	01601
6	OUT	01603
7	LD	01602
8	AND・NOT	10001
9	LD・NOT	01602
10	AND	10001
11	OR・LD	
12	OUT	10001
13	END (01)	

⑥　01602 の a 接点が ON になると，出力リレー 10001 は ON になり，10001 の a 接点も ON になる。

⑦　01602 の b 接点は開から閉にすぐ戻るため，01602 の b 接点と 10001 の a 接点によって，出力リレー 10001 は自己保持される。

⑧　次に，再び 00000 が ON になると，①～⑤で述べたように，入力信号はパルス化される。

⑨　01602 が ON になると，01602 の b 接点は開き，10001 は自己保持が解除される。したがって，10001 は OFF になる。

3.3.2 DIFU, DIFD を使用した入力信号のパルス化

DIFU(立上り微分)は，入力信号の立上がり(OFF→ON)時に，指定リレーを1スキャンONにする。

DIFD(立下り微分)は，入力信号の立下がり(ON→OFF)時に，指定リレーを1スキャンONにする。

1スキャンとは，PCがプログラムを最初から実行し，次にプログラムの最初に戻るまでの行程(時間)をいい，数ms程度である。

図3.6は，DIFUを使用した入力信号のパルス化と，オールタネイト回路である。そのタイムチャートを図3.7に示す。

■回路の動作

① 押しボタンスイッチ00000(入力リレー00000)を押すと，内部補助リレー01601は1スキャンONになる。これは，入力信号の立上がり時にパルスを

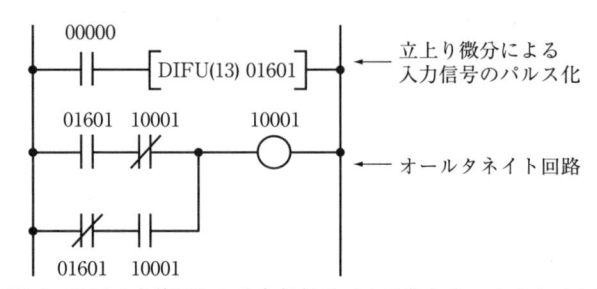

図3.6 DIFUを使用した入力信号のパルス化とオールタネイト回路

プログラム3.4　図3.6のプログラム

アドレス	命　令	データ
00000	LD	00000
1	DIFU (13)	01601
2	LD	01601
3	AND・NOT	10001
4	LD・NOT	01601
5	AND	10001
6	OR・LD	
7	OUT	10001
8	END (01)	

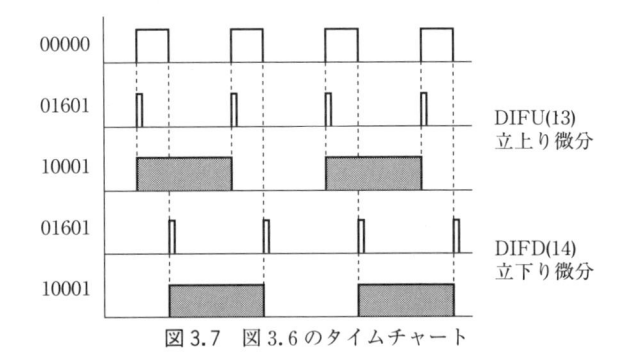

3.4 フリッカ回路　**57**

```
00000 ─┐  ┌──┐   ┌──┐   ┌──┐   ┌─
       └──┘  └───┘  └───┘  └───┘

01601  ─┐┌──┐┌──┐┌──┐┌──┐┌──        DIFU(13)
                                     立上り微分
10001   ┌──────┐    ┌──────┐
      ──┘      └────┘      └──

01601  ──┐┌──┐┌──┐┌──┐┌──┐┌─        DIFD(14)
                                     立下り微分
10001         ┌────┐      ┌───
       ───────┘    └──────┘
```

図 3.7　図 3.6 のタイムチャート

作ることになる。

② 01601 の a 接点が ON になると，出力リレー 10001 は ON になり，10001 の a 接点も ON になる。

③ 01601 の b 接点は開から閉にすぐ戻るため，01601 の b 接点と 10001 の a 接点によって，出力リレー 10001 は自己保持される。

④ 次に，00000 が ON になると 10001 は自己保持が解除され，10001 は OFF になる。

⑤ DIFD（立下り微分）の場合，アドレス 00001 の命令を，DIFD(14) に変更する。

⑥ タイムチャートに示すように，00000 が ON→OFF になったとき，10001 は ON あるいは OFF になる。

3.4　フリッカ回路

　図 3.8 において，内部補助リレー 01601 が ON の間に，出力リレー 10001 は周期的に ON-OFF を繰り返す。このように，負荷回路を周期的に ON-OFF 動作させる回路をフリッカ回路という。図 3.9 は，タイムチャートである。

■回路の動作

① 押しボタンスイッチ 00000（入力リレー 00000）ON で，内部補助リレー 01601 はセット（保持）され，押しボタンスイッチ 00001（入力リレー 00001）

図3.8 フリッカ回路

プログラム3.5 図3.8のプログラム

アドレス	命令	データ
00000	LD	00000
1	SET	01601
2	LD	01601
3	AND・NOT	TIM 002
4	TIM	001
		#0005
5	LD	TIM 001
6	OUT	10001
7	TIM	002
		#0010
8	LD	00001
9	RSET	01601
10	END (01)	

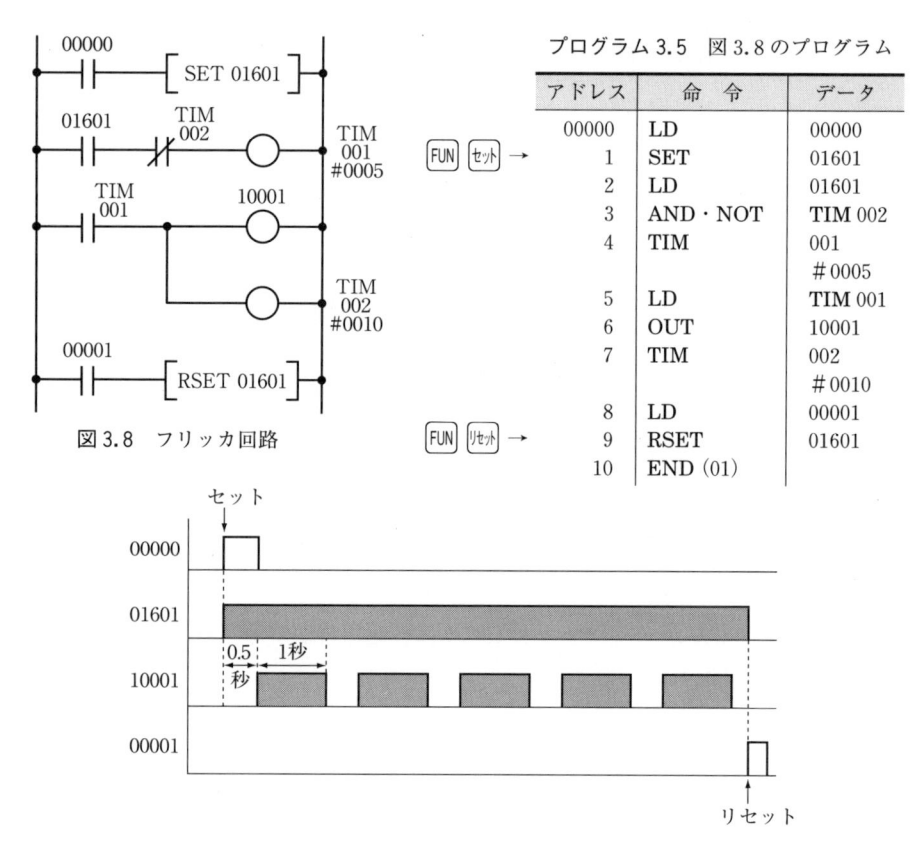

図3.9 図3.8のタイムチャート

ON で，01601 はリセット（解除）される。

② 01601 がセットされると，01601 の a 接点は ON となり，タイマ TIM 001 は，タイマ TIM 002 の b 接点を通して励磁される。

③ TIM 001 の設定時間 0.5 秒が過ぎると，TIM 001 の a 接点は閉じ，出力リレー 10001 は ON になる。

④ 同時に，タイマ TIM 002 は通電し，その設定時間 1 秒が過ぎると，回路の二段目にある TIM 002 の b 接点は開く。

⑤ タイマ TIM 001 は OFF となり，三段目の TIM 001 の a 接点は開く。

⑥ したがって，出力リレー 10001 は OFF になり，タイマ TIM 002 も無励磁

になる。
⑦ このため，二段目の TIM 002 の b 接点は閉じる。次に②へ戻る。
⑧ このようにして，出力リレー 10001 は，周期的に ON-OFF を繰り返す。

3.5 タイマ付警報装置

3.5.1 タイマ付警報装置の回路

　図3.10 は，タイマ付警報装置の回路である。入力リレー00000 に光電スイッチあるいはリミットスイッチを使用し，00000 ON によって，7.5秒間ブザーが鳴り，電球が5回点滅する回路である。使用例としては，駆動している機械の安全装置が働いたことを知らせる警報装置がある。図3.11 に，図3.10 のタイムチャートを示す。

図 3.10　タイマ付警報装置の回路

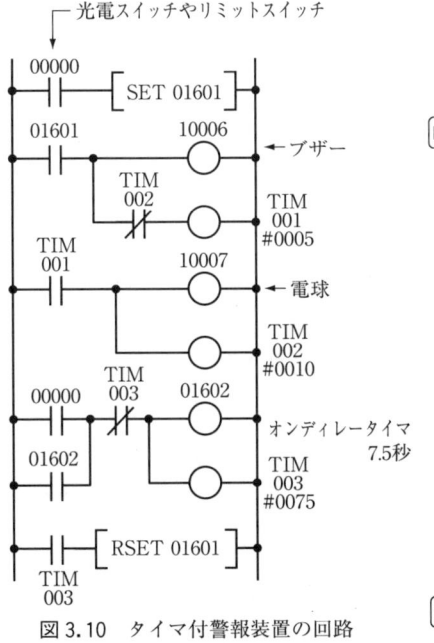

プログラム 3.6　図 3.10 のプログラム

アドレス	命　令	デ　ー　タ
00000	LD	00000
1	SET	01601
2	LD	01601
3	OUT	10006
4	AND・NOT	TIM 002
5	TIM	001
		#0005
6	LD	TIM 001
7	OUT	10007
8	TIM	002
		#0010
9	LD	00000
10	OR	01602
11	AND・NOT	TIM 003
12	OUT	01602
13	TIM	003
		#0075
14	LD	TIM 003
15	RSET	01601
16	END (01)	

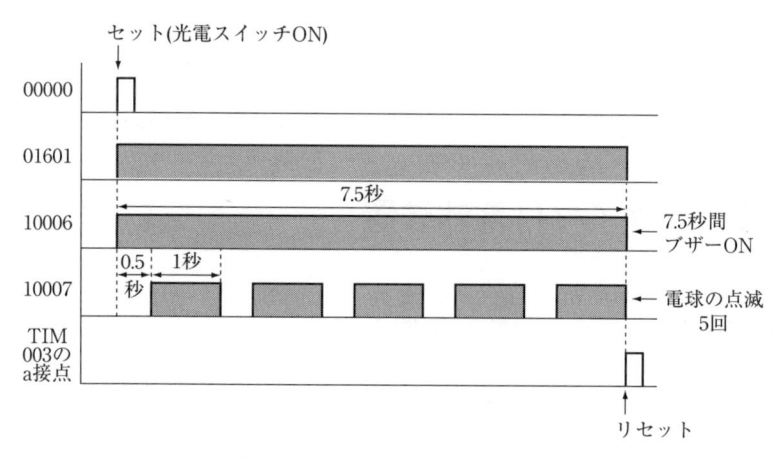

60   3 応用回路のプログラミング

図 3.11   図 3.10 のタイムチャート

■回路の動作

① 光電スイッチなどのセンサ入力があると，入力リレー 00000 は ON になる。
② 00000 ON で，内部補助リレー 01601 はセット（保持）される。
③ このとき，オンディレータイマ TIM 003 (7.5 秒) もスタートする。
④ 01601 のセットにより，01601 の a 接点は ON となり，出力リレー 10006 も ON になるのでブザーは鳴る。
⑤ 同時に，タイマ TIM 001 は，タイマ TIM 002 の b 接点を通して励磁される。
⑥ TIM 001 の設定時間 0.5 秒が過ぎると，TIM 001 の a 接点は閉じ，出力リレー 10007 は ON になるので，電球は点灯する。
⑦ 同時に，タイマ TIM 002 は通電し，その設定時間 1 秒が過ぎると，回路の二段目にある TIM 002 の b 接点は開く。
⑧ タイマ TIM 001 は OFF となり，三段目の TIM 001 の a 接点は開く。
⑨ したがって，出力リレー 10007 は OFF となり，電球は消灯する。同時に，タイマ TIM 002 は無励磁になる。
⑩ このため，二段目の TIM 002 の b 接点は閉じる。次に⑤へ戻る。
⑪ このようにして，出力リレー 10007 は周期的に ON-OFF を繰り返す。

⑫ オンディレータイマの設定時間 7.5 秒が過ぎると，タイマ TIM 003 の a 接点は ON となり，01601 はリセット(解除)される。

3.5.2 ゲート IC とディスクリート部品を使用したタイマ付警報装置の製作

図 3.12 は，センサやリミットスイッチからの入力信号によって，約 5 秒間，圧電ブザーが鳴り，電球が点滅する，タイマ付警報装置の回路である。その外観を

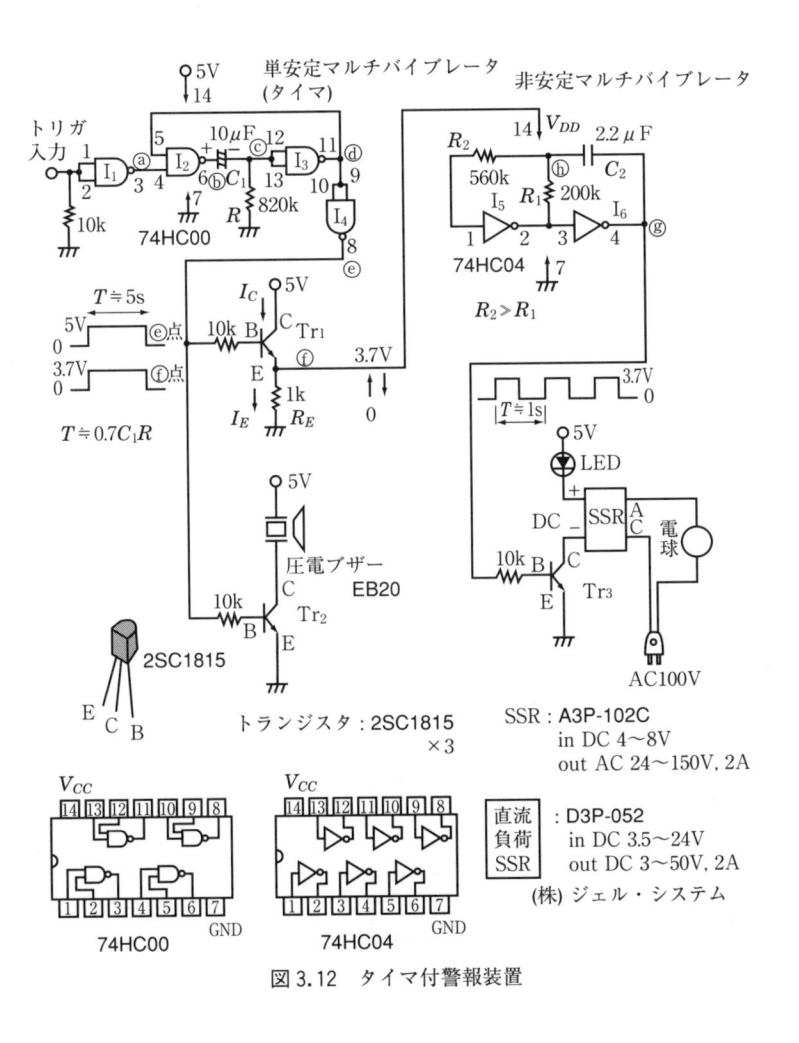

図 3.12 タイマ付警報装置

図3.13 タイマ付警報装置の外観

図 3.13 に示す。

ゲート IC とディスクリート部品を使用したタイマ付警報装置の動作原理を，各回路ごとに見てみよう。

(1) 単安定マルチバイブレータ(タイマ)

図 3.12 のトリガ入力端子に，図 3.14 に示すようなトリガパルスが入ると，インバータ I_1 で反転し，ⓐ点は常時"H"レベルから"L"レベルに下降する。すると，NAND ゲート I_2 の出力であるⓑ点は"H"に立ち上がる。

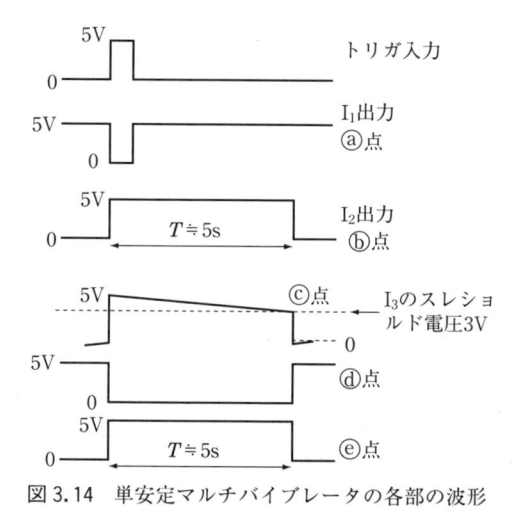

図3.14 単安定マルチバイブレータの各部の波形

この ⓑ 点の立上がり電圧 5 V によって，ⓒ 点も "H" になり，その後，CR 回路のコンデンサを充電していく。コンデンサ C_1 が充電されていくに従い，ⓒ 点の電位は，5 V からインバータ I_3 のスレショルド電圧 3 V まで徐々に下降する。この間は，ⓓ 点は "L" である。

スレショルド電圧 3 V で，インバータ I_3 は反転する。この瞬間，ⓓ 点は "H" となり，ⓐ 点も "H" なので，NAND ゲート I_2 の出力 ⓑ 点は "L" に急降下し，ⓒ 点も "L" になる。ⓓ 点の波形はインバータ I_4 で反転され，ⓔ 点の波形になる。

図 3.14 の例では，トリガパルス一つにつき，一定の時間幅 T ＝約 5 秒をもった ⓔ 点の波形のようなパルスが得られる。ゲート IC が C-MOS のとき，出力パルスの時間幅 T は，$T \fallingdotseq 0.7 C_1 R$ で概算できる。

(2) Tr_1 の回路と圧電ブザー回路

トランジスタ Tr_1 の回路は，非安定マルチバイブレータの電源回路になっている。ⓔ 点からの出力パルスが Tr_1 のベース B に入ると，Tr_1 は ON 状態になって，コレクタ電流 I_C およびエミッタ電流 I_E が Tr_1 に流れる。すると，エミッタ抵抗 R_E に I_E が流れるので，エミッタの電位 V_E は $V_E = R_E I_E$ になる。実測値は $V_E \fallingdotseq 3.7$ V である。この $V_E \fallingdotseq 3.7$ V が非安定マルチバイブレータを構成するゲート IC 74 HC 04 の電源電圧となる。Tr_1 の入力パルス（ⓔ 点の出力パルス）が 0 になると，$V_E = 0$ となり，非安定マルチバイブレータは発振を停止する。

圧電ブザー回路は，トランジスタ Tr_2 のベース B に ⓔ 点からの出力パルスが入ると，Tr_2 は ON 状態になってブザーが鳴り，警報を発する。入力信号が 0 になればブザーはやむ。

(3) 非安定マルチバイブレータ

非安定マルチバイブレータは方形波発振回路であり，方形波の周期に従って電球を点滅させる。図 3.15 に，非安定マルチバイブレータの各部の波形を示す。

いま，インバータ I_6 の出力 ⓖ 点が "H" のとき，コンデンサ C_2 と抵抗 R_1 に充電電流が流れ，R_1 の両端に電圧が発生する。このため，ⓗ 点も "H" であり，この "H" が抵抗 R_2 を通してインバータ I_5 の入力となる。したがって，I_5 出力は "L" であり，C_2 は充電が続く。

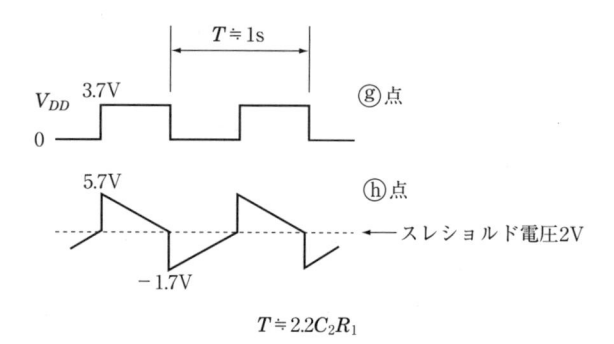

図3.15 非安定マルチバイブレータの各部の波形

充電が進み，充電電流が減少してくると，R_1 の両端の電圧も低下し，I_5 のスレショルド電圧 2V 以下になると，I_5 出力は反転し，"H" になる。すると，I_6 出力は "L" になるため，R_1 から C_2 の方向に，逆方向の充電電流が流れる。このときも，充電の初期には R_1 の両端の電圧は大きく，したがって，ⓗ点の電圧は "L" レベルを維持するが，充電が進むにつれて I_5 のスレショルド電圧 2V に近づく。この 2V に達すると，I_1 出力は再び "L" に反転する。よって，I_6 出力は "H" に反転する。

この繰り返しが発振である。Tr_1 の出力電圧 $V_{DD}=3.7V$ が 0 になれば，発振は停止する。C-MOS の場合，周期 T は $T\fallingdotseq 2.2\,C_2R_1$ で概算できる。

$$T \fallingdotseq 2.2\,C_2R_1 = 2.2\times 2.2\times 10^{-6}\times 200\times 10^3 \fallingdotseq 1 \ [\mathrm{s}]$$

(4) SSR 回路

非安定マルチバイブレータによって，周期 $T\fallingdotseq 1\mathrm{s}$ のパルスを作り，このパルスを，SSR 回路のトランジスタ Tr_3 のベース B に入れる。すると，Tr_3 は $T\fallingdotseq 1\mathrm{s}$ の周期にしたがって ON-OFF を繰り返す。Tr_3 のコレクタ回路に SSR の入力端子が接続しているので，SSR も ON-OFF を繰り返し，電球は 1 秒間隔で点滅する。

3.6 タイマによる順次動作回路

図 3.16 は，タイマを使用した順次動作回路であり，そのタイムチャートを図 3.17 に示す。ここでは，四つの出力リレーの ON-OFF を，設定したタイマの時間に応じて順次動作をさせている。

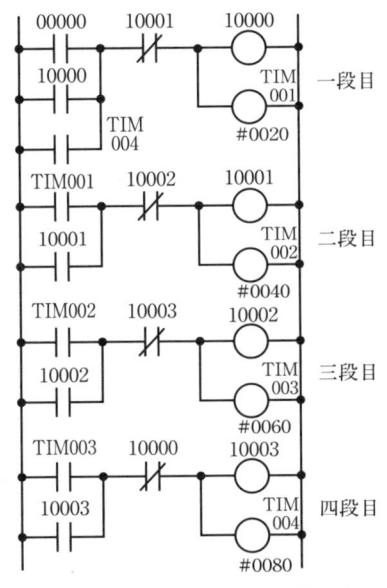

図 3.16 タイマによる順次動作回路

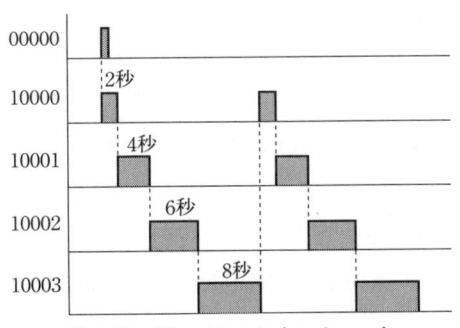

図 3.17 図 3.16 のタイムチャート

プログラム 3.7 図 3.16 のプログラム

アドレス	命 令	データ
00000	LD	00000
1	OR	10000
2	OR	TIM 004
3	AND・NOT	10001
4	OUT	10000
5	TIM	001
		#0020
6	LD	TIM 001
7	OR	10001
8	AND・NOT	10002
9	OUT	10001
10	TIM	002
		#0040
11	LD	TIM 002
12	OR	10002
13	AND・NOT	10003
14	OUT	10002
15	TIM	003
		#0060
16	LD	TIM 003
17	OR	10003
18	AND・NOT	10000
19	OUT	10003
20	TIM	004
		#0080
21	END (01)	

■回路の動作

① 押しボタンスイッチ 00000（入力リレー 00000）ON で，出力リレー 10000 は ON となり，自己の a 接点 10000 を閉じることにより，10000 は自己保持される。

② 同時に，タイマ TIM 001 は励磁され，2 秒経過すると，回路の二段目にある TIM 001 の a 接点は閉じる。よって，出力リレー 10001 は ON になり，自己の a 接点 10001 を閉じることにより，10001 は自己保持される。

③ 出力リレー 10001 が ON になると同時に，一段目の回路に直列に入っている 10001 の b 接点は開き，出力リレー 10000 は OFF になる。この結果，10000 は 2 秒間だけ ON 状態を保つ。

④ また，10001 が ON になると同時に，タイマ TIM 002 は励磁され，4 秒経過すると，三段目の TIM 002 の a 接点は閉じる。よって，出力リレー 10002 は ON になり，自己の a 接点 10002 を閉じることにより，10002 は自己保持される。

⑤ このように，二段目〜四段目まで，同様な動作が繰り返される。四段目のタイマ TIM 004 が動作し，一段目にある TIM 004 の a 接点が ON になることによって，繰り返しの始めに戻る。

3.7 交通信号機の動作

交差点にある交通信号機の点滅動作を調べたところ，図 3.18 のような結果を得た。この交通信号機の動作をラダー図にしたのが図 3.19 である。

■回路の動作

① 押しボタンスイッチ 00000（入力リレー 00000）ON でスタートする。

② まず，車両用（西方向）の赤信号(2)が点灯する。この赤信号(2)は 36 秒間点灯し，消灯する。続いて，青信号(0)は 18 秒間点灯し，消灯する。続いて，黄信号(1)は 3 秒間点灯し，消灯する。車両用（西方向）は，57 秒間周期でこれを繰り返す。

3.7 交通信号機の動作　**67**

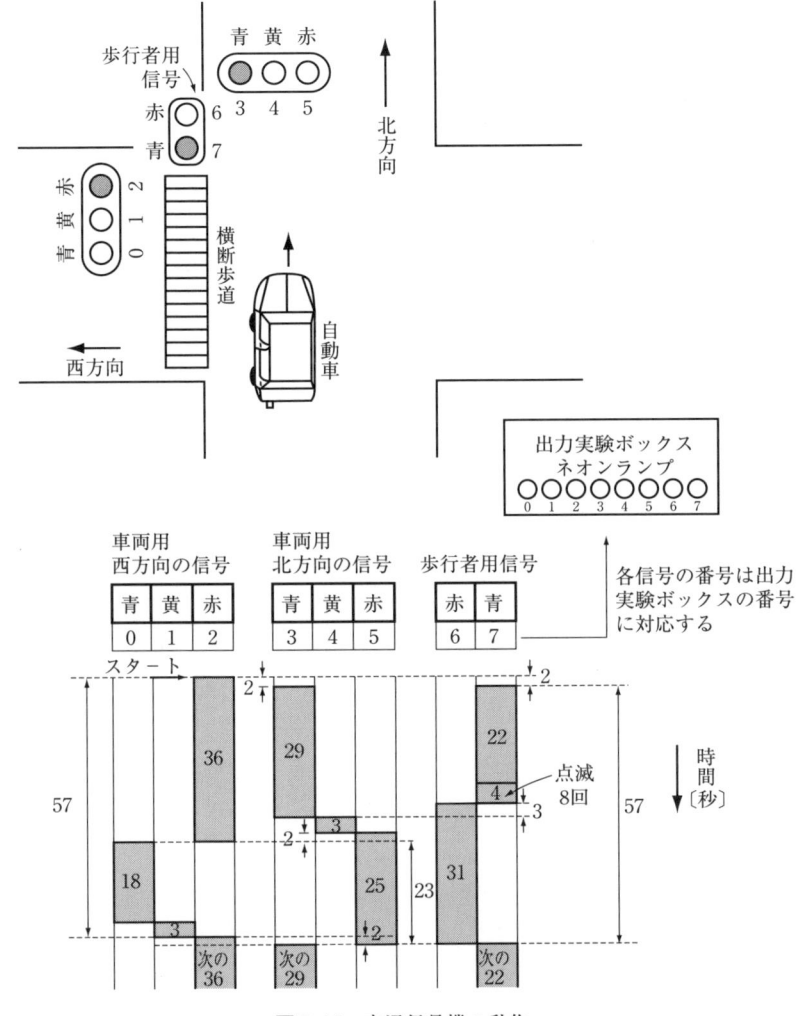

図3.18 交通信号機の動作

③ スタートの押しボタンスイッチ00000 ONから2秒後に，車両用（北方向）の青信号(3)は点灯する。車両用（西方向）と同様に，青信号(3)は29秒間，黄信号(4)は3秒間，赤信号(5)は25秒間だけ点灯し，その後，消灯する。これを57秒間周期で繰り返す。

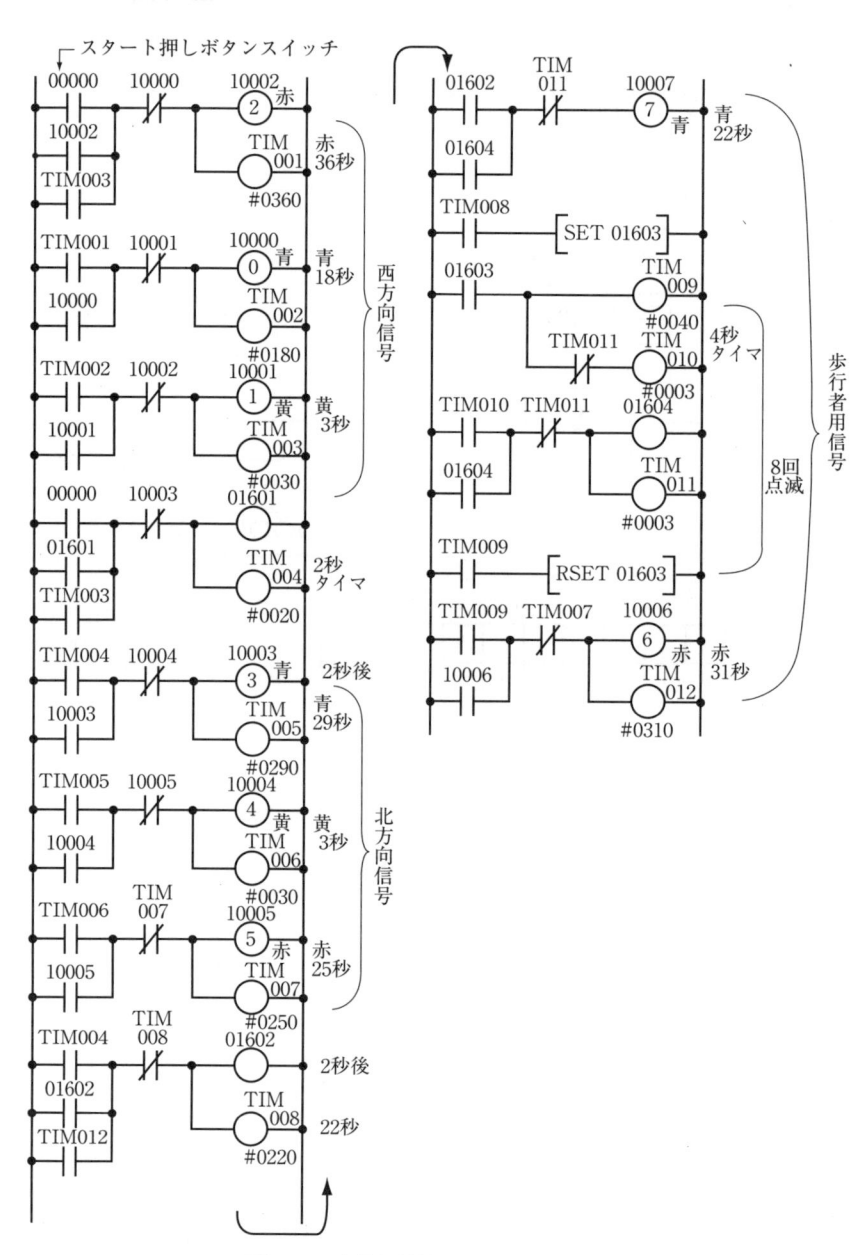

68　3　応用回路のプログラミング

図 3.19　交通信号機の動作(ラダー図)

プログラム 3.8　図 3.19 のプログラム

アドレス	命　令	データ
00000	LD	00000
1	OR	10002
2	OR	TIM 003
3	AND・NOT	10000
4	OUT	10002
5	TIM	001
		#0360
6	LD	TIM 001
7	OR	10000
8	AND・NOT	10001
9	OUT	10000
10	TIM	002
		#0180
11	LD	TIM 002
12	OR	10001
13	AND・NOT	10002
14	OUT	10001
15	TIM	003
		#0030
16	LD	00000
17	OR	01601
18	OR	TIM 003
19	AND・NOT	10003
20	OUT	01601
21	TIM	004
		#0020
22	LD	TIM 004
23	OR	10003
24	AND・NOT	10004
25	OUT	10003
26	TIM	005
		#0290
27	LD	TIM 005
28	OR	10004
29	AND・NOT	10005
30	OUT	10004
31	TIM	006
		#0030
32	LD	TIM 006
33	OR	10005
34	AND・NOT	TIM 007
35	OUT	10005
36	TIM	007
		#0250
37	LD	TIM 004
38	OR	01602
39	OR	TIM 012
40	AND・NOT	TIM 008
41	OUT	01602
42	TIM	008
		#0220
43	LD	01602
44	OR	01604
45	AND・NOT	TIM 011
46	OUT	10007
47	LD	TIM 008
48	SET	01603
49	LD	01603
50	TIM	009
		#0040
51	AND・NOT	TIM 011
52	TIM	010
		#0003
53	LD	TIM 010
54	OR	01604
55	AND・NOT	TIM 011
56	OUT	01604
57	TIM	011
		#0003
58	LD	TIM 009
59	RSET	01603
60	LD	TIM 009
61	OR	10006
61	AND・NOT	TIM 007
63	OUT	10006
64	TIM	012
		#0310
65	END (01)	

④ ③と同様に，スタートの押しボタンスイッチ 00000 ON から 2 秒後に，歩行者用（北方向）の青信号(7)は点灯する。青信号(7)は 22 秒間点灯し，その後，4 秒間に 8 回点滅を繰り返す。続いて，赤信号(6)は 31 秒間点灯し，消灯する。やはり，57 秒間周期で動作する。

⑤ 以上の②〜④の動作を，同時進行で繰り返している。

3.8 MOV，7 SEG の使用法

MOV（転送）命令は，転送データを指定された転送先チャネル番号へ転送する。

$$\begin{bmatrix} \text{MOV}(21) \\ S \\ D \end{bmatrix}$$

S：転送データ
D：転送先チャネル番号

7 SEG（7 セグメント表示）命令は，7 セグメント表示器ににチャネルデータを表示させる。

$$\begin{bmatrix} 7\,\text{SEG}(88) \\ S \\ O \\ C \end{bmatrix}$$

S：表示データ格納先頭チャネル番号
O：データ/ラッチ信号出力チャネル番号
C：論理・桁数選択データ

【注意】 7 SEG 命令は CQM 1 の拡張応用命令であり，拡張応用命令の設定を行うときは，CQM 1 のディップスイッチ 4 を ON にしておく。CPU ユニットの表面にあるカバーを開き，CQM 1 の電源は OFF の状態で，ディップスイッチ 4 を ON にする。

3.8.1 データの転送

図 3.20 は，可逆カウンタの入力加減算カウント数を，データメモリへ転送する回路である。

■回路の動作

① リセット入力 00002 ON で，可逆カウンタの現在値をクリアする。

② 加算カウント入力 00000 の ON-OFF により，カウンタは加算され，現在

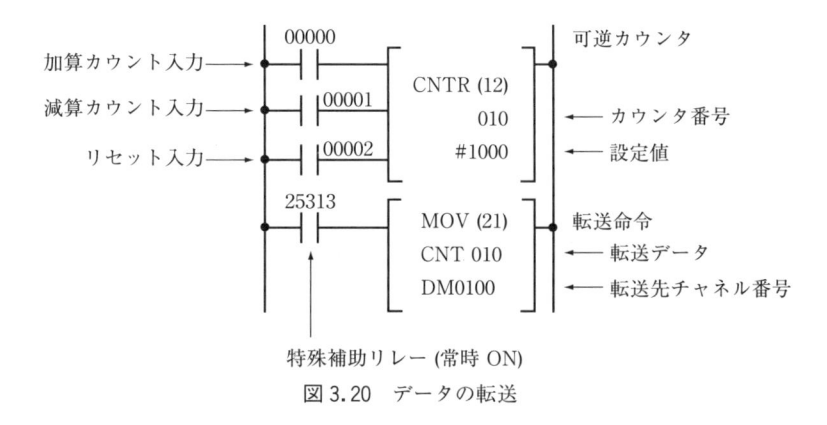

3.8 MOV, 7 SEG の使用法 **71**

```
加算カウント入力 ──┐  00000                可逆カウンタ
              ├──┤├──┬──[CNTR (12)]
減算カウント入力 ──┤  00001│       010  ←── カウンタ番号
              ├──┤├──┤       #1000 ←── 設定値
リセット入力 ────┤  00002│
              └──┤├──┘
                 25313
              ──┤├──────[MOV (21)]  ←── 転送命令
                ↑            CNT 010   ←── 転送データ
                │            DM0100    ←── 転送先チャネル番号
        特殊補助リレー (常時 ON)
```

図 3.20 データの転送

プログラム 3.9 図 3.20 のプログラム

アドレス	命　令	データ
00000	LD	00000
1	LD	00001
2	LD	00002
3	CNTR (12)	010
		#1000
4	LD	25313
5	MOV (21)	
		CNT 010
		DM 0100
6	END (01)	

[FUN][1][2] → 3
[FUN][2][1] → 5

値は増加する。

③ 減算カウント入力 00001 の ON-OFF により，カウンタは減算され，現在値は減少する。

④ 可逆カウンタの現在値(転送データ CNT 010 の値)は，MOV(転送)命令により，転送先チャネル番号(データメモリ DM 0100)に転送される。

⑤ データメモリ DM 0100 の値を見るには，次のようにする。

⑥ プログラミングコンソールのモードを，運転(RUN)もしくはモニタ(MONITOR)から，プログラム(PROGRAM)に切り替える。

⑦ [クリア]キーを押し，続いて，[DM][0][1][0][0]，[モニタ]を押す。

⑧ すると，プログラミングコンソールの液晶表示部に，可逆カウンタの現在

72　3　応用回路のプログラミング

値が表示される。

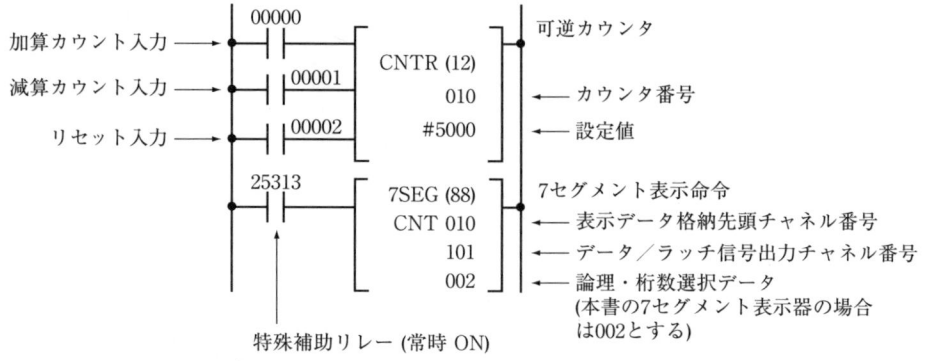

3.8.2　7セグメント表示器によるデータの表示

図3.21は，7セグメント表示器による，可逆カウンタの入力加減算カウント数の表示である。7セグメント表示器は，図1.6に示したようにトランジスタ出力ユニットに接続する。

図3.21の7セグメント表示命令において，データ/ラッチ信号出力チャネル番号が101になっているのは，次の理由による。

入出力リレーのチャネルの割り付けは，左側に装着されている方から順番に，

```
加算カウント入力 ──┤├── 00000 ──┐
                              ├── CNTR (12)     ← 可逆カウンタ
減算カウント入力 ──┤├── 00001 ──┤      010      ← カウンタ番号
                              │    #5000      ← 設定値
リセット入力   ──┤├── 00002 ──┘
                    25313 ──── 7SEG (88)       ← 7セグメント表示命令
                              CNT 010          ← 表示データ格納先頭チャネル番号
                                  101          ← データ／ラッチ信号出力チャネル番号
                                  002          ← 論理・桁数選択データ
                                                (本書の7セグメント表示器の場合
                                                 は002とする)
```

特殊補助リレー(常時ON)

図3.21　7セグメント表示器によるデータの表示

プログラム3.10　図3.21のプログラム

	アドレス	命　令	データ
	00000	LD	00000
	1	LD	00001
	2	LD	00002
[FUN][1][2] →	3	CNTR (12)	010
			＃5000
	4	LD	25313
[FUN][8][8] →	5	7 SEG (88)	
			CNT 010
			101
			002
	6	END (01)	

入力ユニットは001 CH，出力ユニットは100 CHから，前詰めでチャネルが割り付けられている．このため，リレー接点出力ユニットは100 CH，トランジスタ出力ユニットは101 CHになっている．

また，同じ7セグメント表示命令において，論理・桁数選択データが002となっているのは，表3.1に従ったからである．本書の7セグメント表示器の場合，Cの設定データは002となる．

表3.1 論理・桁数選択データ(C)の設定値

表示桁数	表示器のデータ入力と出力ユニットの論理	表示器のラッチ入力と出力ユニットの論理	Cの設定データ
4桁 (4桁1組)	同じ	同じ	000
		異なる	001
	異なる	同じ	002
		異なる	003
8桁 (4桁2組)	同じ	同じ	004
		異なる	005
	異なる	同じ	006
		異なる	007

■回路の動作

① リセット入力00002 ONで，可逆カウンタの現在値をクリアする．
② 加算カウント入力00000，減算カウント入力00001のON-OFFにより，加減算される．
③ 加減算の結果は，表示データ格納先頭チャネル番号 CNT 010 に格納され，7 SEG命令により，7セグメント表示器に表示される．
④ いま，①の動作の次に，減算カウント入力00001をONにすると，5000が表示される．さらに00001をON-OFFさせていくと，4999，4998，4997のように減算していく．
⑤ その後，加算カウント入力00000をON-OFFさせていくと，表示は5000に戻り，次のONで0000になる．

74 3 応用回路のプログラミング

3.9　ADD, SUB, MUL, DIV の使用法

ADD(BCD 加算)は，BCD(2 進化 10 進)4 桁の二つの演算データをキャリーを含めて加算し，結果を指定チャネルに出力する．

$$\begin{bmatrix} \text{ADD}(30) \\ S_1 \\ S_2 \\ D \end{bmatrix}$$

S_1：被加算データ
S_2：加算データ
D：加算結果出力チャネル番号

SUB(BCD 減算)は，BCD 4 桁の二つの演算データをキャリーを含めて減算し，結果を指定チャネルに出力する．

$$\begin{bmatrix} \text{SUB}(31) \\ S_1 \\ S_2 \\ D \end{bmatrix}$$

S_1：被減算データ
S_2：減算データ
D：減算結果出力チャネル番号

MUL(BCD 乗算)は，S_1，S_2 の内容を乗算して，結果を指定チャネルに出力する．S_1，S_2 には，BCD データを設定する．演算結果は，D, $D+1$ チャネルに出力される．

$$\begin{bmatrix} \text{MUL}(32) \\ S_1 \\ S_2 \\ D \end{bmatrix}$$

S_1：被乗算データ
S_2：乗算データ
D：乗算結果出力チャネル番号

DIV(BCD 除算)は，S_1 の内容を S_2 の内容で除算して，結果を指定チャネルに出力する．S_1，S_2 には，BCD データを設定する．演算結果の商は D チャネルへ，余りは $D+1$ チャネルに出力される．

$$\begin{bmatrix} \text{DIV}(33) \\ S_1 \\ S_2 \\ D \end{bmatrix}$$

S_1：被除算データ
S_2：除算データ
D：除算結果出力チャネル番号

3.9.1　加算(減算)と表示

図 3.22 は，指定定数に可逆カウンタの入力加減算カウント数を加算(減算)し，

3.9 ADD, SUB, MUL, DIV の使用法　**75**

その値を 7 セグメント表示器に表示する。

```
        00002
   ├──┤ ├──────[ CLC (41) ]───●── クリアキャリー
   │
   │    00000
   │  ├──┤ ├───┐
加算カウント入力──┤            │
                 │   [ CNTR (12) ]──●── 可逆カウンタ
減算カウント入力──┤    00001    010        ←── カウンタ番号
   │  ├──┤ ├───┤    #9999       ←── 設定値
   │    00002
リセット入力──┤ ├───┘
   │
   │    25313
特殊補助リレー──┤ ├──┬──[ ADD (30) ]──●── BCD加算 ADD (30)
(常時 ON)          │      #2345        ←── BCD減算 [SUB (31)]
                    │      CNT 010     ←── 指定定数 (被加減算データ)
                    │      DM 0100     ←── 加算 (減算) データ
                    │                   ←── 出力チャネル番号
                    │
                    └──[ 7SEG (88) ]──●── 7セグメント表示命令
                           DM 0100
                           101
                           002
```

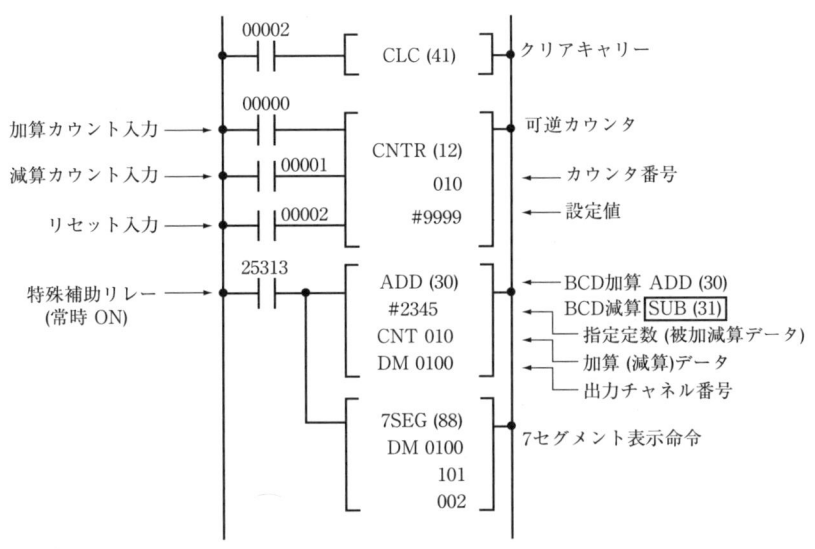

図 3.22　加算 (減算) と表示

プログラム 3.11　図 3.22 のプログラム

アドレス	命　令	データ
00000	LD	00002
1	CLC (41)	
2	LD	00000
3	LD	00001
4	LD	00002
5	CNTR (12)	010
		#9999
6	LD	25313
加算の場合 → 7	ADD (30)	
[減算の場合]→	[SUB (31)]	#2345
		CNT 010
		DM 0100
8	7 SEG (88)	
		DM 0100
		101
		002
9	END (01)	

■回路の動作

① ADD/SUB命令は，キャリーを含めて演算するので，可逆カウンタのリセット入力00002 ONと同時に，可逆カウンタの現在値とキャリーをクリアする。このため，CLC(クリアキャリー)命令とその入力リレー00002を使用する。

② 可逆カウンタの設定値は9999とする。

③ ADD(BCD加算)あるいはSUB(BCD減算)の指定定数(被加減算データ)を，たとえば2345とする。

④ ADD/SUB命令により，可逆カウンタの現在値は，2345に加算あるいは減算される。

⑤ その結果はデータメモリDM 0100に格納され，7 SEG命令によって，7セグメント表示器に表示される。

⑥ ADD(BCD加算)の場合，加算カウント入力00000のON-OFFにより，7セグメント表示器の表示は2345から増加する。減算カウント入力00001のON-OFFでは減少する。

⑦ SUB(BCD減算)の場合，加算カウント入力00000のON-OFFにより，7セグメント表示器の表示は2345から減少する。減算カウント入力00001のON-OFFでは増加する。

⑧ 生産工場での利用として，ベルトコンベヤ上の製品のカウントがある。生産目標値を表示し，製品ができるたびに，目標値が一つずつ減少していく様子を見ることができる。

3.9.2 乗算と表示

図3.23は，二つの可逆カウンタの入力加算カウント数を乗算して，その結果をデータメモリに格納し，7セグメント表示器で表示する。

■回路の動作

① リセット入力00002 ONで，二つの可逆カウンタの現在値をクリアする。

② 可逆カウンタ1と2の加算カウント入力00000と00001のON-OFFによ

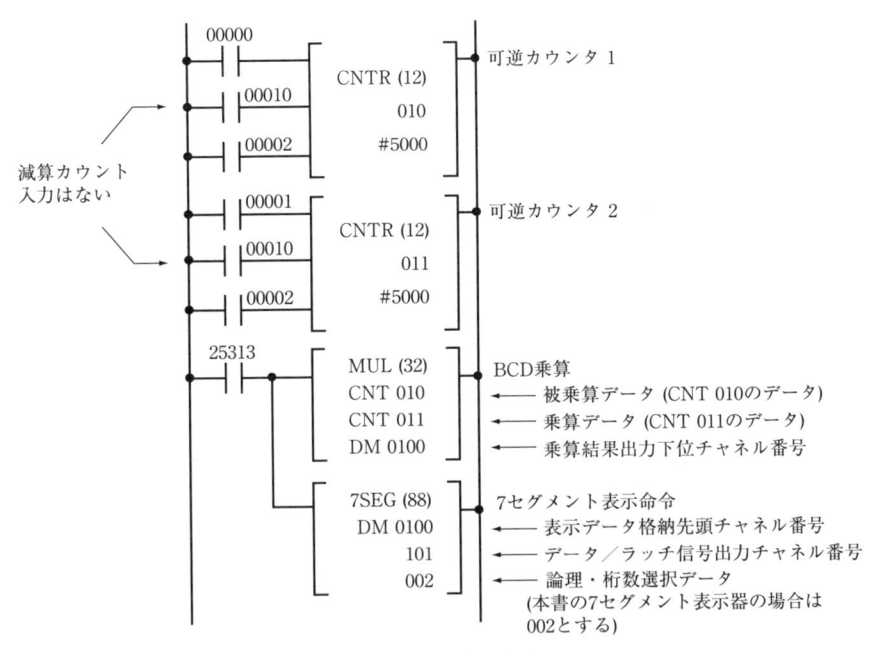

3.9 ADD, SUB, MUL, DIV の使用法　**77**

```
       00000
    ┌──┤├─────┐
    │           ┃ CNTR (12)  ┃──── 可逆カウンタ1
    │   00010   ┃   010      ┃
減算 ├──┤├─────┃            ┃
カウント│   00002  ┃   #5000    ┃
入力は ├──┤├─────┘
ない  │
    │   00001
    ├──┤├─────┐
    │           ┃ CNTR (12)  ┃──── 可逆カウンタ2
    │   00010   ┃   011      ┃
    ├──┤├─────┃            ┃
    │   00002   ┃   #5000    ┃
    └──┤├─────┘

       25313
    ──┤├──────┐
               ┃ MUL (32)  ┃──── BCD乗算
               ┃ CNT 010   ┃◄── 被乗算データ (CNT 010のデータ)
               ┃ CNT 011   ┃◄── 乗算データ (CNT 011のデータ)
               ┃ DM 0100   ┃◄── 乗算結果出力下位チャネル番号
               
               ┃ 7SEG (88) ┃──── 7セグメント表示命令
               ┃ DM 0100   ┃◄── 表示データ格納先頭チャネル番号
               ┃   101     ┃◄── データ/ラッチ信号出力チャネル番号
               ┃   002     ┃◄── 論理・桁数選択データ
                            (本書の7セグメント表示器の場合は
                             002とする)
```

図 3.23　乗算と表示

プログラム 3.12　図 3.23 のプログラム

アドレス	命　令	データ
00000	LD	00000
1	LD	00010
2	LD	00002
3	CNTR (12)	010
		#5000
4	LD	00001
5	LD	00010
6	LD	00002
7	CNTR (12)	011
		#5000
8	LD	25313
9	MUL (32)	
		CNT 010
		CNT 011
		DM 0100

10	7 SEG (88)	
		DM 0100
		101
		002
11	END (01)	

り，二つの入力加算カウント数を作る。
③ 二つの入力加算カウント数は，それぞれ，CNT 010，CNT 011 のデータとなり，MUL（BCD乗算）命令によって乗算され，データメモリ DM 0100 に格納される。
④ DM 0100 の値は，7 SEG 命令によって 7 セグメント表示器に表示される。

3.9.3 除算と表示

図 3.24 は，指定定数を可逆カウンタの入力加減算カウント数で除算し，その商を 7 セグメント表示器に表示し，余りをデータメモリに入れる。

```
加算カウント入力 ──┤ 00000 ├──┬── CNTR (12)     ── 可逆カウンタ
減算カウント入力 ──┤ 00001 ├──┤    010
リセット入力   ──┤ 00002 ├──┘    #5000

          ┤ 00002 ├──┬── MOV (21)      ── 転送命令
                     │    #0000           DM0100をクリア
                     │    DM0100
                     │
                     ├── MOV (21)      ── 転送命令
                     │    #0000           DM0101をクリア
                     │    DM0101
                     │
          ┤ 25313 ├──┤── DIV (33)      ── BCD除算
                     │    #8642         ← 指定定数(被除算データ)
                     │    CNT 010       ← 除算データ
                     │    DM0100        ← 出力チャネル番号
                     │
                     └── 7SEG (88)     ── 7セグメント表示命令
                          DM0100
                          101
                          002
```

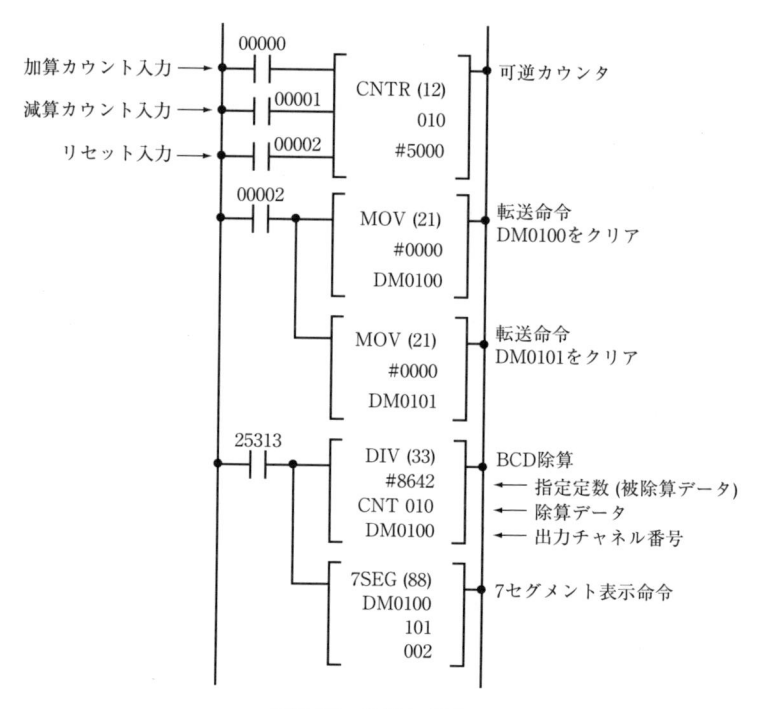

図 3.24 除算と表示

3.9 ADD, SUB, MUL, DIV の使用法　**79**

プログラム 3.13　図 3.24 のプログラム

アドレス	命　令	データ
00000	LD	00000
1	LD	00001
2	LD	00002
3	CNTR (12)	010
		＃5000
4	LD	00002
5	MOV (21)	
		＃0000
		DM 0100
6	MOV (21)	
		＃0000
		DM 0101
7	LD	25313
8	DIV (33)	
		＃8642
		CNT 010
		DM 0100
9	7 SEG (88)	
		DM 0100
		101
		002
10	END (01)	

■回路の動作

① 可逆カウンタのリセット入力 00002 ON により，可逆カウンタの現在値をクリアする．同時に，MOV（転送）命令によって，＃0000 をデータメモリ DM 0100 および DM 0101 に転送し，DM 0100 と DM 0101 をクリアする．

② DIV（BCD 除算）の指定定数（被除算データ）を，たとえば 8642 とする．

③ DIV 命令により，8642 は可逆カウンタの現在値で除算される．

④ 除算の商は DM 0100 に格納され，7 SEG 命令によって 7 セグメント表示器に表示される．除算の余りは，DM 0101 に格納される．

⑤ 加算カウント入力 00000 の ON-OFF により，7 セグメント表示器の表示は，8642，4321，2880，2160 のように表示されていく．

⑥ データメモリ DM 0101 の値は余りであり，次のようにして見ることがで

きる。
⑦　プログラミングコンソールのモードを，運転(RUN)もしくはモニタ(MONITOR)からプログラム(PROGRAM)に切り替える。
⑧　[クリア]キーを押し，続いて[DM][0][1][0][1]，そして[モニタ]を押す。
⑨　すると，プログラミングコンソールの液晶表示部に，除算の余りが表示される。

4 ベルトコンベヤと周辺装置

　電子機械とは，機械工学と電気・電子工学による技術の一体化によって発展してきた技術に，マイクロコンピュータによる情報技術と制御技術が加わった，いわゆるメカトロニクス技術をベースに作られた機械類を指す。この意味で，第5章で詳述するPCによるベルトコンベヤの制御は，その周辺装置のセンサ回路を含めて，メカトロニクス技術による電子機械の制御といえる。

　電子機械の構成要素は，大きく分けてセンサ回路，アクチュエータ，コンピュータおよびメカニズムであり，これらが有機的に結び付くことによって，電子機械になる。

　センサは，人間の(視覚・聴覚・触覚・味覚・嗅覚)器官という感覚器官に相当し，センサが使用される機械内外のあらゆる情報，およびエネルギーの検出素子であり，その出力は電気信号に変換される。本章の周辺装置では，ドッグとリミットスイッチ，パルス発生器，光電スイッチがセンサである。

　アクチュエータは，電気，空気圧，油圧などのエネルギーを機械的な動きに変換する機器である。本章では，ベルトコンベヤの動力源である単相誘導モータと押出し装置のソレノイドがアクチュエータといえる。

　この章では，第5章のベルトコンベヤの制御実験に先立ち，ベルトコンベヤとその周辺装置のハードウエアについて解説する。

4.1　ベルトコンベヤ

　図4.1は，教材として製作したベルトコンベヤであり，PC制御の対象物として最適である．このベルトコンベヤは，全長53.4 cm，幅14.5 cm，高さ12.5 cmの大きさで，幅10 cm，円周100 cmの搬送ベルトをもっている。駆動には**単相誘導モータ**(日本サーボ製IH6PF6N，ギヤヘッド6H25F，減速比1：25)を取り付け，ジュラコン歯車(モータ側歯数56対駆動ローラ側歯数64，減速比約1：

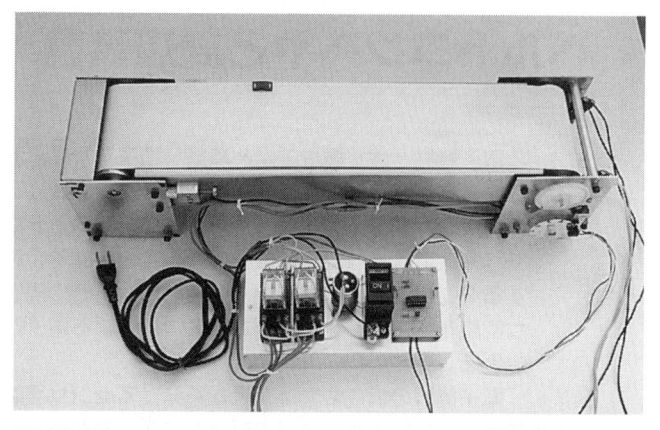

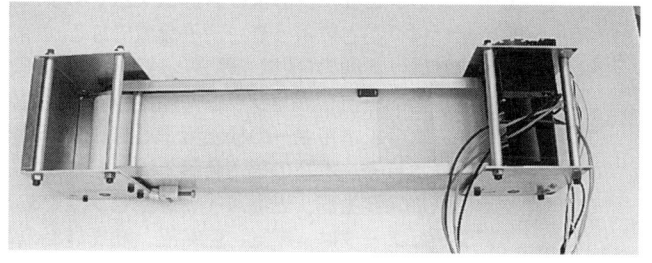

図 4.1 ベルトコンベヤ

1.14)を介して，搬送ベルトにより被動ローラに回転を伝達している．このため，モータの回転速度が 50 Hz で 1460 rpm とすると，ギヤヘッドの出力軸および駆動ローラの回転速度は次のようになる．

$$\text{ギヤヘッドの出力軸の回転速度} = \frac{1460}{25} = 58.4 \ \text{〔rpm〕}$$

$$\text{駆動ローラの回転速度} = \frac{58.4}{1.14} \fallingdotseq 51.2 \ \text{〔rpm〕}$$

このベルトコンベヤの材質は主にアルミニウムである．図 4.2 は，製作したテンションガイドとテンション駒を用いて，六角ボルトによって搬送ベルトにテンションを加えている様子を示す．

単相誘導モータ IH6PF6N の仕様，連続定格を表 4.1 に示す．

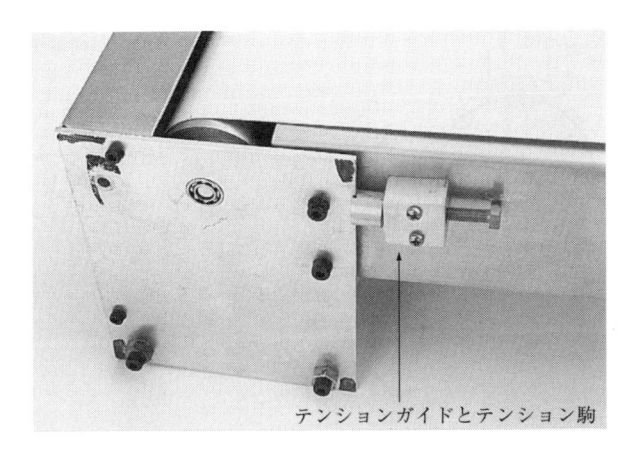

図4.2 テンションガイドとテンション駒

表4.1 単相誘導モータ IH6PF6N の仕様，連続定格

出力 〔W〕	電圧 〔V〕	周波数 〔Hz〕	定 格					起動トルク		コンデンサ 〔μF〕
			入力 〔W〕	電流 〔mA〕	トルク		回転数 〔rpm〕			
					〔gf·cm〕	〔N·m×10^{-4}〕		〔gf·cm〕	〔N·m×10^{-4}〕	
6	単相 100	50 60	30 30	300 300	450 370	440 360	1250 1550	450 450	440 440	1.2

〔出典：日本サーボ総合カタログ，'96/'97〕

4.2 単相誘導モータ

4.2.1 誘導モータの動作原理と構造

　誘導モータには単相交流用と三相交流用がある。三相誘導モータは，その固定子巻線に三相交流電圧を印加すると，これにより回転磁界が作られ，回転子導体に誘導起電力が発生する。この誘導起電力によって誘導電流が回転子導体に流れ，回転磁界と誘導電流の相互作用によって，回転子の導体棒に電磁力が働く。

　図4.3は，誘導モータの回転原理である。図(a)では，回転磁界が左回転する

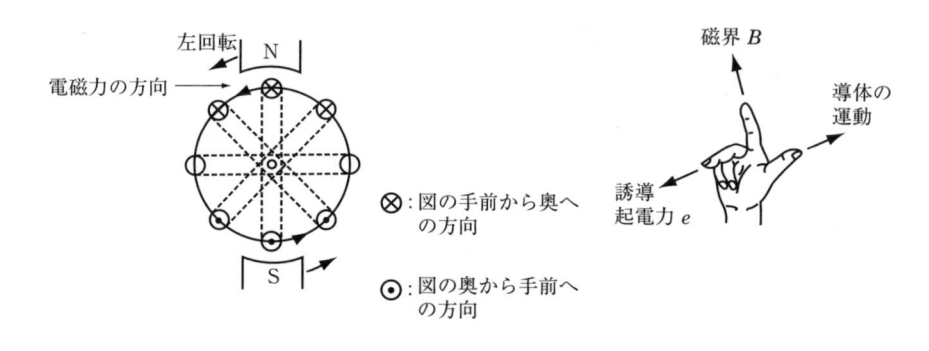

(a) 誘導起電力の方向と誘導電流の方向

(b) フレミングの右手の法則

(c) 右手の法則の適用

(d) フレミングの左手の法則

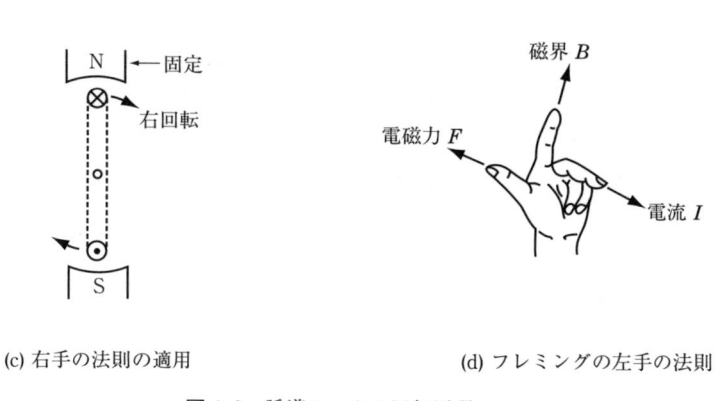

図 4.3　誘導モータの回転原理

様子を，等価的に磁極 N, S が左回転しているように表している。これは 2 極の回転磁界に相当する。回転磁界が左回転すると，回転子の導体棒は磁束を切ることになるので，図 (a) に示す方向に誘導起電力が発生し，同じ方向に誘導電流が流れる。誘導起電力の方向は，図 (b) のフレミングの右手の法則に従う。

　フレミングの右手の法則は，磁界は固定で導体が運動するときに適用できるので，磁界が左回転する場合，図 (c) のように，磁界は固定で回転子導体が右回転するように考える。この状態で右手の法則を適用し，誘導起電力の方向を見つける。

4.2 単相誘導モータ

回転子導体に，誘導起電力と同じ方向に誘導電流が流れると，図(a)のように，回転子の導体棒に電磁力が働き，モータにトルク(回転力)が発生する。この電磁力の方向は，図(d)に示すフレミングの左手の法則に従う。

図 4.4 は，単相誘導モータの構造である。二相交流を得るために，**進相用コンデンサ**を用いるので，このような誘導モータをコンデンサモータともいう。単相誘導モータは，固定子鉄心のスロット(溝)に**主巻線**が 2 組，**補助巻線**が 2 組設置され，二相交流が流れると，4 極の磁極が回転するのと等価な回転磁界ができる。

単相誘導モータの回路は，図 4.5 に示すように，補助巻線に進相用コンデンサが直列に接続され，これらが主巻線と並列に接続されている。このため，主巻線に流れる電流 i_1 よりも，補助巻線に流れる電流 i_2 は，進相用コンデンサの働きによって位相が約 90°進む。これが単相交流から二相交流を作る方法であり，二相交流によって回転磁界ができる。

回転子は，回転子鉄心中に構成されている導体の構造が，リスやハツカネズミ

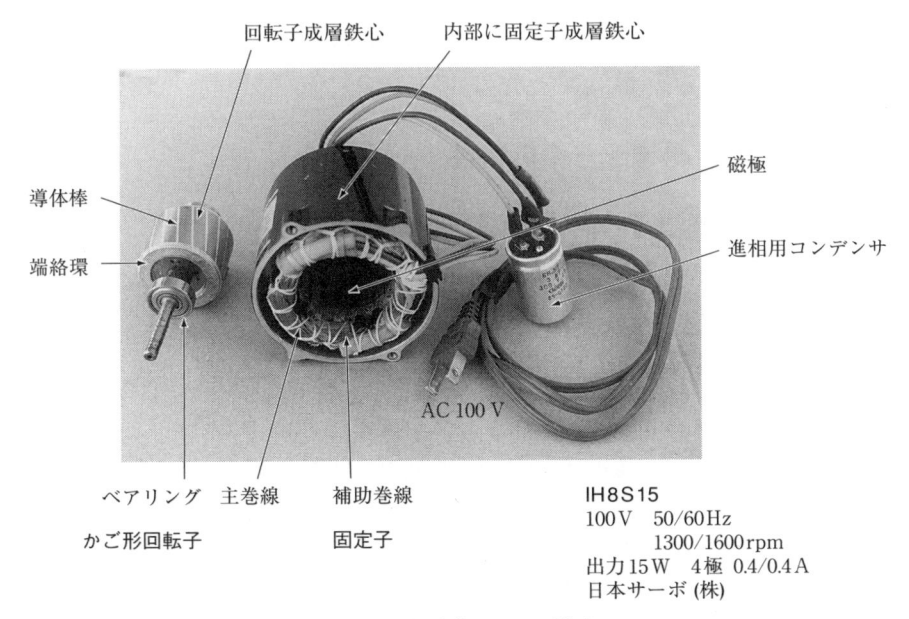

図 4.4　単相誘導モータの構造

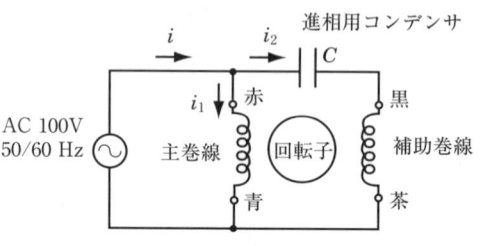

図 4.5　単相誘導モータの回路

を飼うのに使う「かご」に似ていることからかご形回転子という。導体構造は，二つの**端絡環**(エンドリング)と端絡環同士を結ぶ多数の**導体棒**(バー)で構成され，導体棒は軸方向に対し，斜めに切ったスロットに設置されている。これを**斜溝**(斜めスロット)と呼び，固定子と回転子の歯の相互作用によるトルクむらを軽減する働きがある。

かご形回転子を使った誘導モータは，構造が簡単で堅牢であり，直流モータの整流子やブラシのように摩耗する箇所がない。このため，誘導モータはメンテナンス性にも優れ，インバータの発展とともに，周波数制御による速度制御を容易に行うことができるようになった。

4.2.2　誘導モータの特性

誘導モータの回転磁界の回転速度は**同期速度** N_s と呼ばれ，次式で与えられる。

$$N_s = \frac{120f}{p} \quad [\mathrm{rpm}] \tag{4.1}$$

ここで，f：周波数〔Hz〕，p：極数

誘導モータの回転速度 N は次式で与えられ，式(4.1)を含んでいる。

$$N = \frac{120f}{p}(1-s) = N_s(1-s) \quad [\mathrm{rpm}] \tag{4.2}$$

ここで，s：すべり

誘導モータの回転子は，回転磁界を追随するかのように同一方向に回転する。しかし，回転子の回転速度 N は，同期速度 N_s に近い値になるが等しくなるこ

とはない。つまり，回転子は常に N_s よりも遅くまわり，$N_s > N$ となる。

この理由は，回転子の速度が同期速度と同じ速度になったとすると，回転子は磁束を切らなくなるので，誘導起電力が発生せず，誘導電流が流れないのでトルクが発生しなくなるからである。

回転子に負荷が加わると，N は N_s よりさらに遅くなる。この遅れの N_s に対する割合を**すべり** s といい，次式で表す。

$$s = \frac{N_s - N}{N_s} \tag{4.3}$$

誘導モータは機械を駆動させるものであり，このようなものを**アクチュエータ**という。電気系のアクチュエータは，「電気エネルギーを機械的な動きに変換する機器」である。このため，誘導モータの特性で重要なのは回転速度とトルクの関係である。

誘導モータの**回転速度（すべり）-トルク特性**は図 4.6 のようになる。図に示すような発生トルク T をもつ誘導モータに，図示のような負荷トルク特性をもつ負荷をつないで起動させたとする。誘導モータの起動時に，比較的小さな起動トルク T_s が発生し，誘導モータは回転を始める。すると，誘導モータの発生トルク T と負荷トルク T_L との差のトルク $(T - T_L)$ によって，誘導モータは加速され，急激に回転速度 N を上昇させていく。N が上昇し，T が最大トルク T_m（m

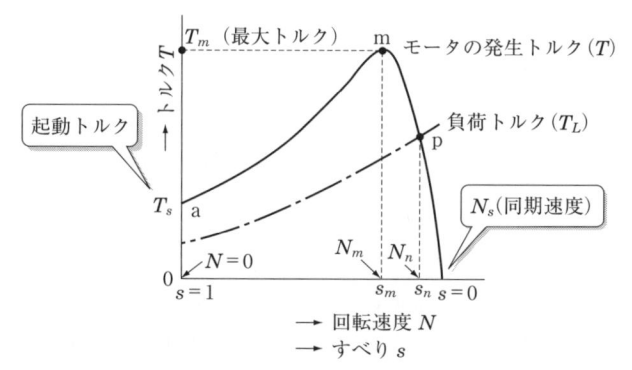

図 4.6 誘導モータの回転速度（すべり）-トルク特性

点)を過ぎると，N-T 特性は右下がりになっていき，$T = T_L$ となる p 点で定常状態に落ち着く。

定常状態（p 点）から負荷が増加すると，誘導モータの回転速度は，N-T 特性にそって p 点（定格回転速度 N_n）から m 点（最大トルク時の回転速度 N_m）に移り，さらに負荷が増加して m 点を越えると，急激に a 点に移り，停止する。

最大トルク発生時のすべりを s_m，定常状態，同期速度での各すべりをそれぞれ s_n，$s = 0$ とすると，s_n は s_m と $s = 0$ の間にあり，$s = 0$ から s_n までのすべりの変化に対し，トルクはほぼ比例的に増加する。

この安定な運転状態の p 点周辺は右下がりの垂下特性の傾斜も大きく，負荷トルクの変動に対し回転速度の変化は比較的小さい。このため，誘導モータは，負荷に対しほぼ定速度モータとして取り扱われる。

4.3　単相誘導モータの正転・逆転回路

図 4.7 は，ベルトコンベヤを駆動させるための，単相誘導モータの正転・逆転回路である。図(a)の主回路には，3 組の a 接点をもった二つのリレーを使用している。本来，リレーではなく**電磁接触器**を使用すべきであるが，単相誘導モータ IH6PF6N の定格電圧と定格電流は，AC 100 V，0.3 A と小さいため，リレーを代用している。また，**配線用遮断器**の代わりにサーキットプロテクタを使用することにする。

図(a)の主回路において，右リレー OFF で左リレーが ON になると，図(b)の正転回路が作られ，単相誘導モータは正転する。ここで，全電流を i，主巻線に流れる電流を i_1，進相用コンデンサと補助巻線に流れる電流を i_2 とすると，各電流は図に示す方向に流れる。

次に，左リレーを OFF とし，右リレーを ON にしてみる。すると，図(c)に示す逆転回路が作られる。主巻線に流れる電流 i_1 に対し，補助巻線と進相用コンデンサに流れる電流 i_2 の方向が逆になる。このため，回転磁界の回転方向が逆になるので，単相誘導モータは逆転する。

4.3 単相誘導モータの正転・逆転回路　**89**

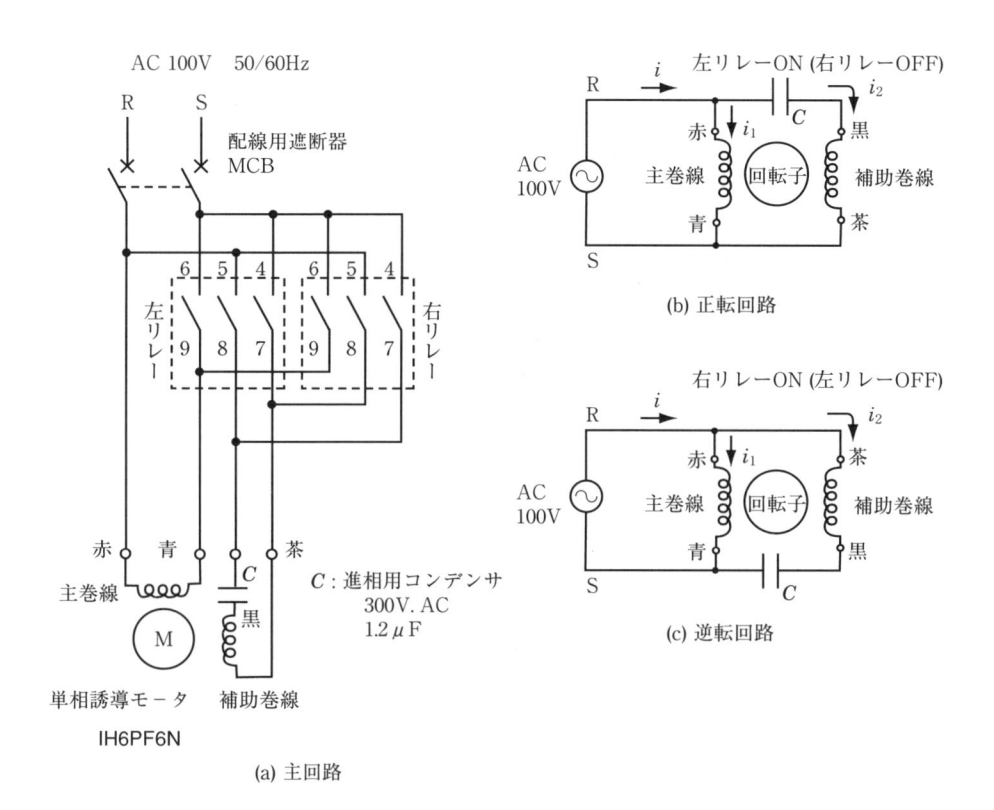

図4.7　単相誘導モータの正転・逆転回路

　図4.8は，単相誘導モータの正転・逆転回路と出力実験ボックスとの接続を示した実体配線図である。この実体配線図にある二つのリレーとその端子台（ソケット），サーキットプロテクタ，進相用コンデンサは，パルス発生器用の基板とともに，アルミシャーシに搭載する。図4.9はこの様子を示し，右リレーは端子台から外してある。

90　4　ベルトコンベヤと周辺装置

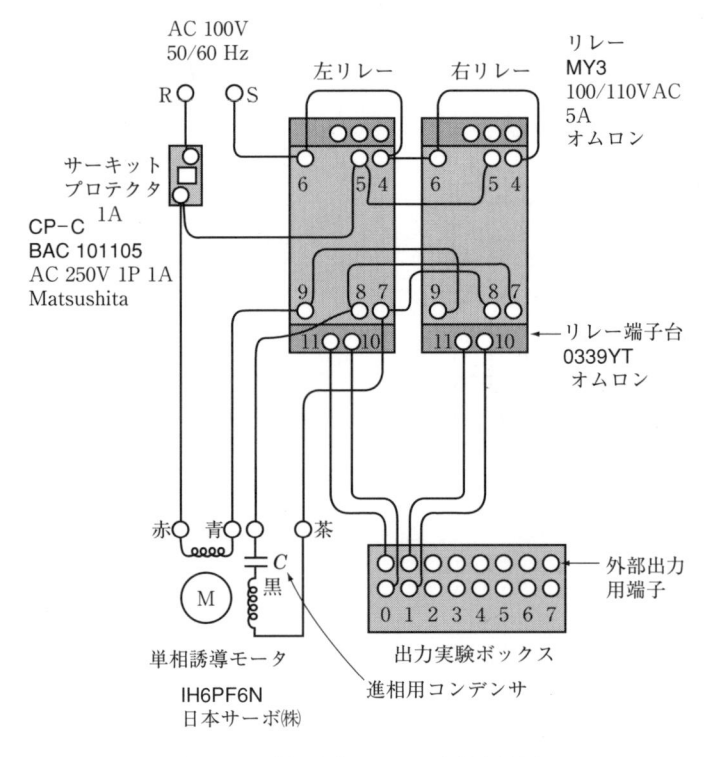

図 4.8　単相誘導モータの実体配線図

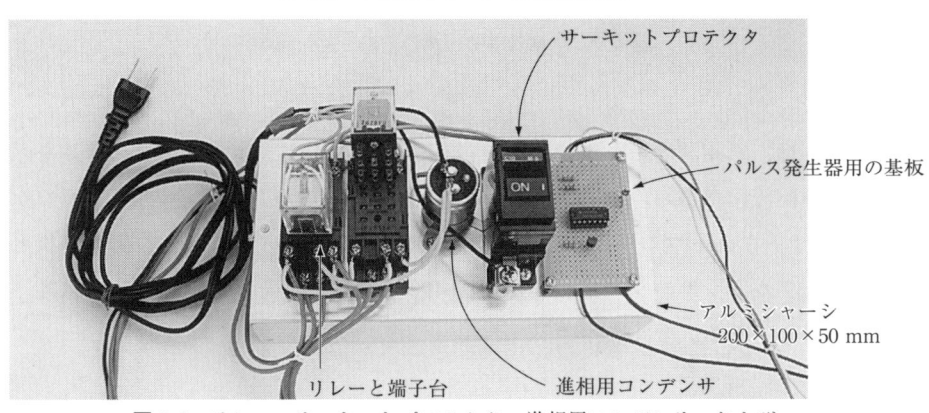

図 4.9　リレー，サーキットプロテクタ，進相用コンデンサ，およびパルス発生器用の基板の設置

4.4 ドッグとリミットスイッチ

ベルトコンベヤを利用した各種の制御では、ベルトに取り付けたドッグと、ドッグによって ON-OFF 動作をするリミットスイッチが必要となる。図 4.10 は、ドッグとリミットスイッチの位置関係を示す。ベルトの正転方向右側にドッグ 1、ベルトを半周した左側にドッグ 2 を取り付ける。二つのドッグの位置は、図のように上下、そして左右逆にある。ドッグの材料は皮革で、20×8×2 mm の大きさにし、糸でコンベヤのベルトに縫い込んである。

リミットスイッチは、図のように正転方向側の端にあり、向かって左右に取り付ける。リミットスイッチの接点は、どちらも b 接点を使用する。

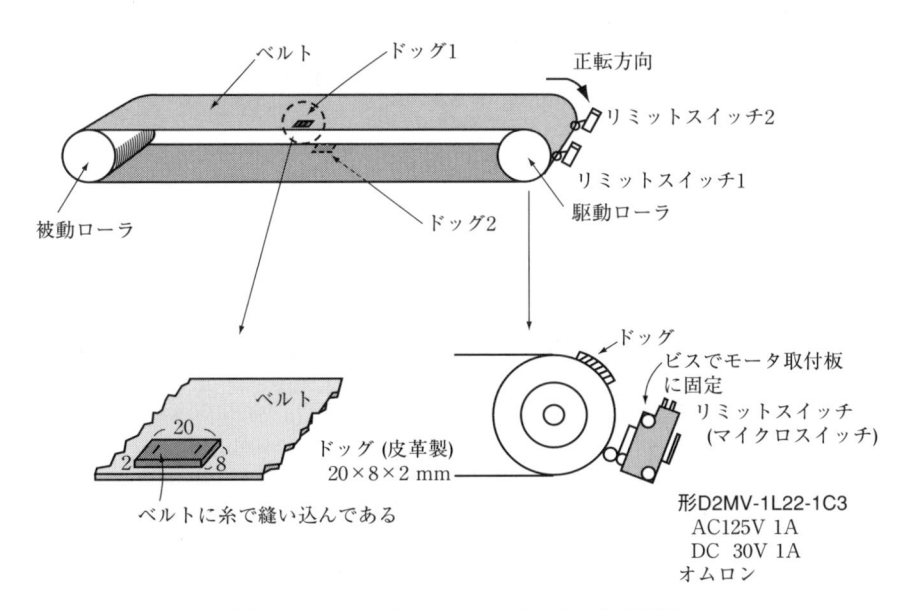

図 4.10 ドッグとリミットスイッチの位置関係

92　4　ベルトコンベヤと周辺装置

4.5　パルス発生器

　ベルトコンベヤの簡易位置決め制御に，フォトインタラプタ回路とスリット円板を使用したパルス発生器を製作する。図 4.11 は，パルス発生器の外観とフォ

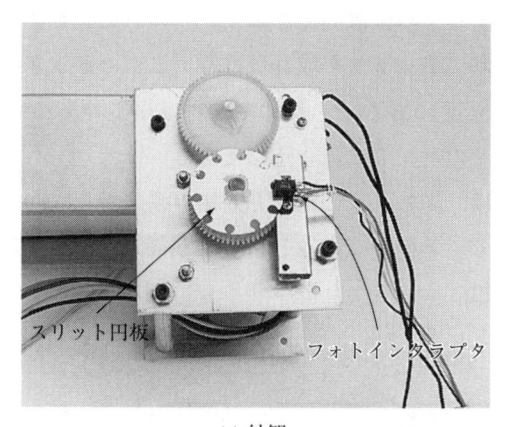

(a) 外観

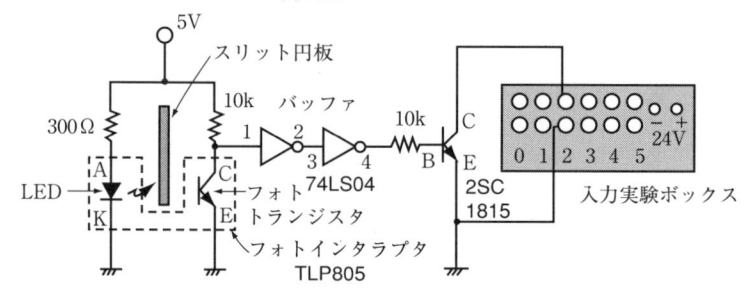

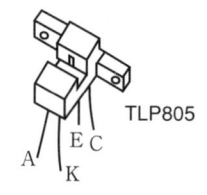

(b) フォトインタラプタ回路

図 4.11　パルス発生器

トインタラプタ回路である。

　図(a)において，減速機の回転軸が1回転すると，同じ回転軸に取り付けたスリット円板も1回転する。スリットの数は10個あるので，スリット円板の1回転で，図(b)のフォトインタラプタ回路は，10個のパルスを発生する。このパルスを入力実験ボックスの入力とし，ベルトコンベヤの簡易位置決め制御に利用する。円板のスリットの数を多くすることによって，位置決めの精度は高くなるわけだが，モータにブレーキが付いていないので，だいたいの位置決めとなる。

　フォトインタラプタは，**発光ダイオード(LED)**とフォトトランジスタが，同一光軸上に向かい合って設置されている。図(b)において，LEDには12 mA程度の電流が流れ，LEDは赤外線を発光している。しかし，スリット円板が赤外線を遮断していると，フォトトランジスタには赤外線が届かず，フォトトランジスタはOFF状態である。このとき，フォトトランジスタのコレクタ電圧は"H"で，バッファを介して次段のトランジスタをONにする。

　スリット円板が少し動き，スリットの部分がLEDとフォトトランジスタの光軸上にくると，LEDの赤外線により，フォトトランジスタはONになる。すると，フォトトランジスタのコレクタ電圧は"L"になり，バッファを介して次段のトランジスタはOFFになる。

　このようにフォトインタラプタは，LEDとフォトトランジスタの光学的結合を遮断物でON-OFFし，パルス状の電気信号を出力する。

4.6　ソレノイドによる押出し装置

　図4.12は，ベルトコンベヤ上の品物を押し出す装置である。AC 100 Vのばね付ソレノイドと，押出し板，軸棒とでできた簡単な作りである。ソレノイドにAC 100 Vが印加されると，ソレノイドは短板を吸引する。すると，軸棒を中心に押出し板(長板)は右方向へ回転する。このとき，コンベヤ上の品物が押出し板の先端近くにあると，品物は押し出される。

94   4 ベルトコンベヤと周辺装置

図4.12 ソレノイドによる押出し装置

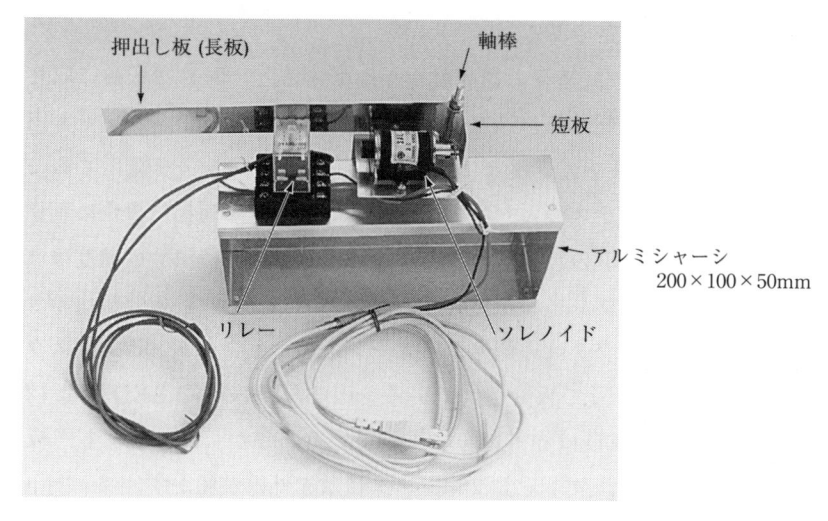

ソレノイド　SAL-02
　　　　　　AC 100V
　　　　　　KOKUSAI DENGYO

4.7 光電スイッチ

4.7.1 光電スイッチの概要

　光電スイッチは，投光器（光源）と受光器を組み合わせ，光によって物体の有無を知るためのセンサ装置である。この基本原理は，図4.13に示すように透過型と反射型に分かれる。

　図(a)のように，透過型は投光器と受光器の光軸を一致させ，投光器からの光が受光器に届くようにしてある。光軸を物体が通過すると光が遮断され，物体の検出ができる。市販の光電スイッチの検出距離は，一般的に数メートルであるが，中には30 m のものもある。

　図(b)のように，反射型は物体からの光の反射を利用して物体の検出をする。

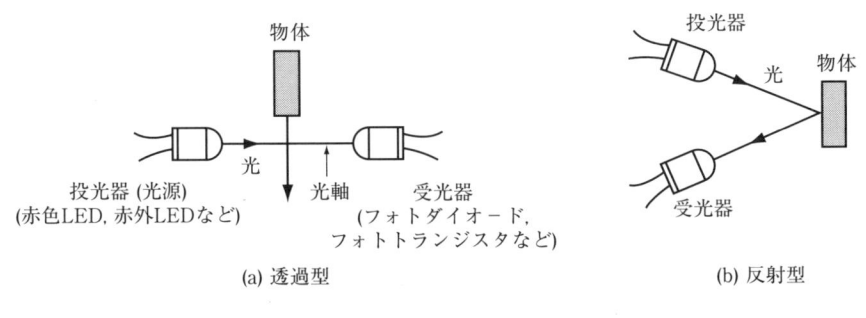

図4.13 光電スイッチの原理

(a) 透過型 — 投光器(光源)(赤色LED,赤外LEDなど)、物体、光軸、受光器(フォトダイオード,フォトトランジスタなど)

(b) 反射型 — 投光器、光、物体、受光器

市販品の検出距離は20 cm，70 cm程度で，物体の色によっても異なる。光源が赤外LEDの場合，赤色LEDよりも物体の色の影響を受けにくい。

4.7.2 変調投光回路と受光復調回路

変調投光回路と受光復調回路による光電スイッチは，投光側光源(赤外LED)を特定周期の交流信号(パルス駆動)で変調し，受光側でパルス信号を復調する。この方式の光電スイッチは，赤外LEDに直流電流を流す直流方式の光電スイッチと比較して，次のような特徴がある。

① 投光側の赤外LEDを特定周期のパルスで点滅させるので，比較的大きな順電流を流すことができる。したがって，赤外LEDは強い光を放射し，検出距離を長くできる。また，受光側もパルス光を受光するので，回路の工夫によって検出距離を長くとれる。

② 受光側は周囲の光(外乱光)の影響を受けにくい。たとえば，蛍光灯などの外乱光が存在しても，外乱光の周波数より高い周波数のパルス駆動なので，受光側は，信号光と外乱光の周波数(波長)の違いを利用して区別することができる。

図4.14は変調投光回路である。タイマIC 555は発振回路となり，図4.15に発振出力波形を示す。その発振周波数fと周期Tは，図4.15に示した式で概略の計算ができる。では，図4.14の変調投光回路の動作原理を，実測値をもとに

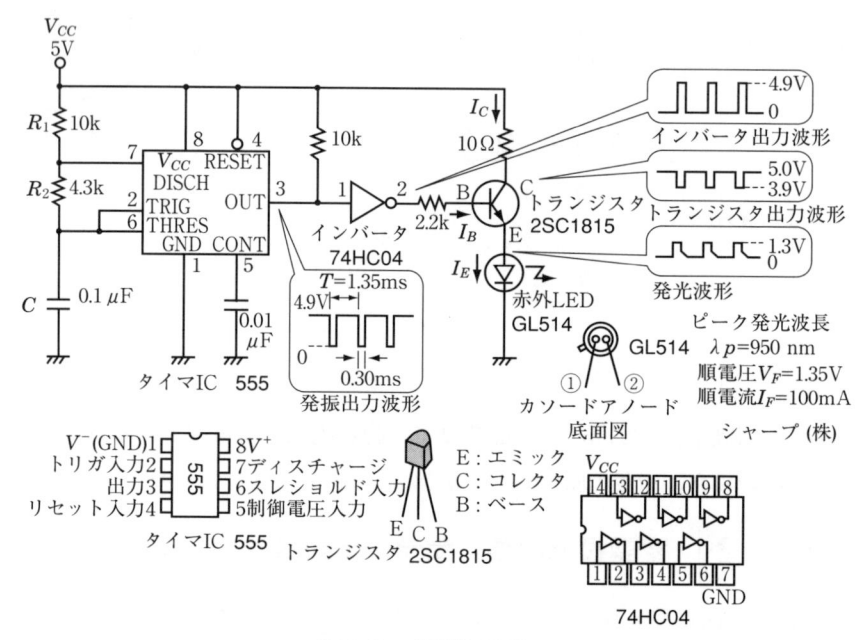

図 4.14　変調投光回路

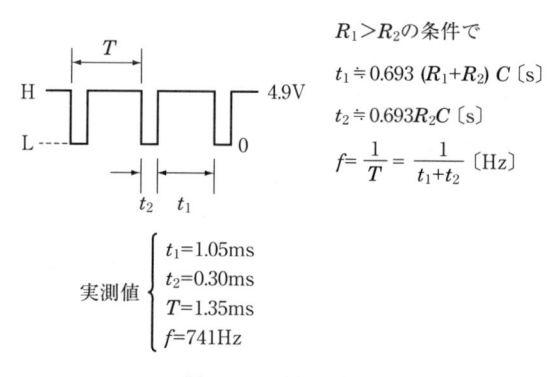

$R_1 > R_2$ の条件で
$t_1 \fallingdotseq 0.693(R_1+R_2)C$ 〔s〕
$t_2 \fallingdotseq 0.693 R_2 C$ 〔s〕
$f = \dfrac{1}{T} = \dfrac{1}{t_1+t_2}$ 〔Hz〕

実測値
$\begin{cases} t_1 = 1.05\text{ms} \\ t_2 = 0.30\text{ms} \\ T = 1.35\text{ms} \\ f = 741\text{Hz} \end{cases}$

図 4.15　発振出力波形

見てみよう．

① タイマ IC 555 と抵抗，コンデンサの接続により，図 4.15 のような発振出力電圧を得る．発振周波数 f は 741 Hz 程度である．

② この発振出力電圧をインバータで位相反転させ，"H"の時間が短く，"L"の時間が長いパルスを作る。

③ このパルスがトランジスタの入力電圧となり，入力が"H"のときベース電流I_Bが流れ，電流増幅されたコレクタ電流I_Cが10Ωの抵抗に流れる。すると，I_B+I_Cがエミッタ電流I_Eとなって赤外LEDに流れる。

④ 赤外LEDは，発振周波数に応じて点滅を繰り返し，その光エネルギーを放射する。発光波形(赤外LEDのアノード電圧の波形)は，インバータの出力波形と似ているが，少しひずみが発生する。

変調投光回路からのパルス光をフォトダイオードで受光し，パルス光のある，なしを判定するのが，図4.16に示す受光復調回路である。この変調投光回路と受光復調回路による透過型の光電スイッチの検出距離は，実測によると1m程度である。

では，受光復調回路の動作原理を，図4.16と，図4.17に示す各部の実測波形(検出距離は50cm)から見てみよう。

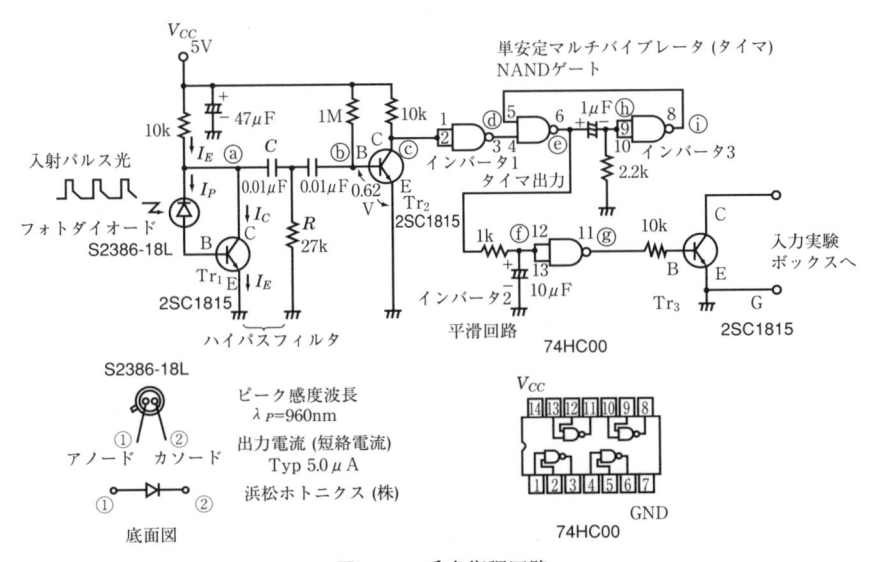

図4.16 受光復調回路

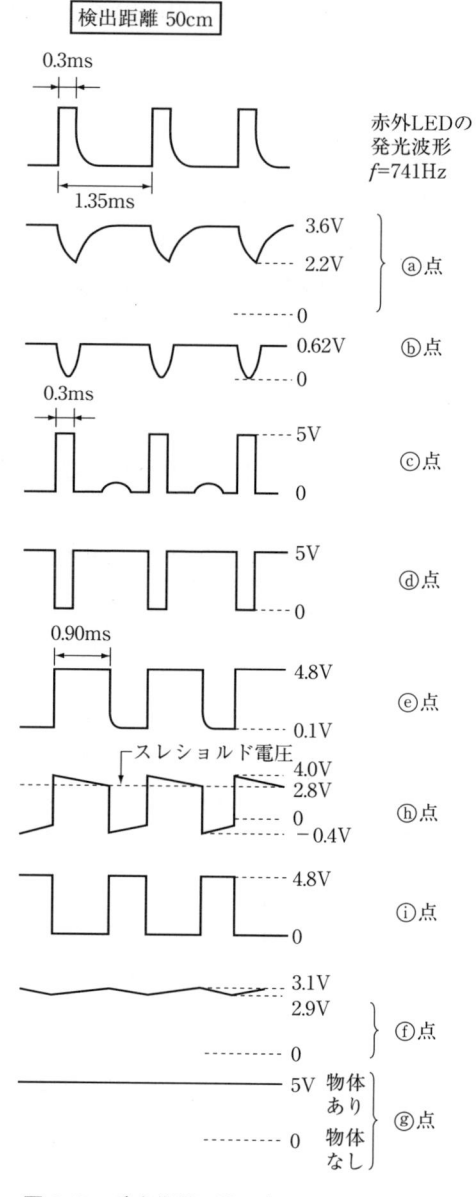

図 4.17 受光復調回路の各部の実測波形

① フォトダイオードにパルス光が入射すると、光起電力効果によって微小な光電流 I_P が流れる。この I_P がトランジスタ Tr_1 のベース電流となり、電流増幅されたコレクタ電流 I_C が Tr_1 のコレクタに流れる。

② $I_P + I_C$ は、エミッタ電流 I_E となって $10\,\mathrm{k\Omega}$ の負荷抵抗に流れ、電圧降下によってⓐ点の電位を下げる。

③ 入射パルス光の周波数 f は $741\,\mathrm{Hz}$ 程度であり、ⓐ点の電位も $f = 741\,\mathrm{Hz}$ で変動する。

④ ハイパスフィルタの遮断周波数 f_c は次式で与えられ、f_c 以上の周波数成分はハイパスフィルタを通過する。

$$f_c = \frac{1}{2\pi CR} = \frac{1}{2\pi \times 0.01 \times 10^{-6} \times 27 \times 10^3} = 589\ \mathrm{[Hz]}$$

⑤ 入射パルス光のない場合、トランジスタ Tr_2 のベース・エミッタ間電圧 V_{BE} は約 $0.62\,\mathrm{V}$ であり、Tr_2 は ON 状態になっている。そこへⓐ点からの入力信号がくると、ⓑ点の電位は $0.62\,\mathrm{V}$ から $0.5\,\mathrm{V}$ 以下に低下する。

⑥ すると、Tr_2 は OFF 状態となり、Tr_2 のコレクタ電位、すなわちⓒ点の電位は "L" から "H" になる。

⑦ ⓑ点の波形に応じて、ⓒ点にパルスができる。

⑧ ⓒ点のパルスをインバータ 1 で反転し、ⓓ点の波形を得る。

⑨ 単安定マルチバイブレータ(タイマ)で、ⓔ点の波形のような出力電圧を作る。このタイマの詳しい動作原理は⑭以降で説明する。

⑩ タイマ出力電圧を RC による平滑回路で平滑し、ⓕ点の電位は約 $3\,\mathrm{V}$ の直流電圧になる。

⑪ この $3\,\mathrm{V}$ をインバータ 2 で反転するので、入射パルス光があるときは、インバータ 2 の出力は 0 になる。逆に、投光器と受光器の光軸を物体が横切ると、入射パルス光が遮断されるので、一連の信号の流れから、インバータ 2 の出力は "H" になる。

⑫ すなわち、物体があるとⓖ点の出力電圧は約 $5\,\mathrm{V}$ になるので、テスタ (DC V) で確認する。

⑬　この出力電圧 5 V が，次段のトランジスタ Tr_3 入力となり，PC の入力実験ボックスへの信号となる。

⑭　ⓔ点の波形に示したように，単安定マルチバイブレータ（タイマ）は，ある幅のパルスを作る回路である。

⑮　ⓓ点の電位が常時"H"レベルから"L"に下降すると，NAND ゲートの出力であるⓔ点は"H"に立ち上がる。このⓔ点の立上り電圧によって，インバータ 3 の入力ⓗ点も"H"になる。

⑯　その後，**CR** 回路のコンデンサを充電していくに従い，ⓗ点の電位はインバータ 3 のスレショルド電圧まで徐々に下降する。この間は，ⓘ点は"L"である。

⑰　スレショルド電圧でインバータ 3 は反転し，ⓘ点は"H"となる。ⓓ点も"H"なので，NAND ゲートの出力ⓔ点は"L"に急降下し，ⓗ点も"L"になる。

⑱　実測では，0.90 ms の時間幅をもったパルスが得られた。

この光電スイッチを製作して，動作が不安定な場合，受光復調回路のフォトダイオードに外部の光が直接入射していることがある。この場合，外部の光を遮断するとよい。

5 ベルトコンベヤを利用した各種の制御

本章では，教材用に製作したベルトコンベヤとその周辺装置を用いて，PCによる各種の制御を試みる。制御実験の内容は，大きく分けて次の五つになる。

① ベルトコンベヤ（単相誘導モータ）の正転・逆転制御
② ベルトコンベヤの限時制御，繰返し運転制御，一時停止制御
③ ベルトコンベヤの正転・逆転回数制御，簡易位置決め制御
④ ベルトコンベヤをエスカレータ，シャッタ，自動ドアに見立てた運転制御
⑤ ベルトコンベヤと押出し装置，7セグメント表示器を組み合わせた制御

以上のように，ベルトコンベヤとその周辺装置を利用した制御実験は，変化に富んだ興味深いものになる。プログラムで使用する命令語は，第2章，第3章で取り上げたものが大部分なので，回路の動作はわかりやすい。

なお，ベルトコンベヤを自作するのは少々大変である。この場合，ベルトコンベヤがなくても，単相誘導モータとその正転・逆転回路，およびその他の周辺装置があれば，リミットスイッチなど手動により，本章の制御実験はそれなりにすることができる。

5.1 ベルトコンベヤ（単相誘導モータ）と入出力実験ボックスとの接続

図5.1は，ベルトコンベヤ（単相誘導モータ）と入出力実験ボックスとの接続であり，5.2節から5.9節までの制御実験は，この状態の接続で行うことにする。

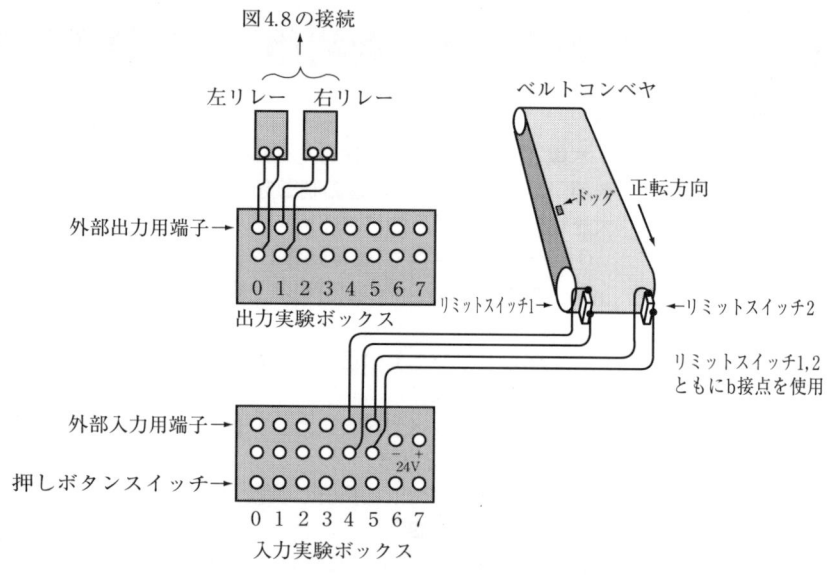

図5.1 ベルトコンベヤと入出力実験ボックスとの接続

5.2 ベルトコンベヤの正転・停止・逆転制御

5.2.1 停止押しボタンスイッチ（a接点入力）による停止

　図5.2は，ベルトコンベヤの正転・停止・逆転制御である。停止押しボタンスイッチにa接点のスイッチを使用している。正転・逆転の変換は，一度停止させてから行う。図5.3にタイムチャートを示す。

■回路の動作

① 押しボタンスイッチ00001を押すと，出力リレー10000はONとなり，自己のa接点10000を閉じることにより，10000は自己保持される。ベルトコンベヤは正転する。

② このとき，逆転回路に10000のb接点が入っているため，このb接点は

5.2 ベルトコンベヤの正転・停止・逆転制御

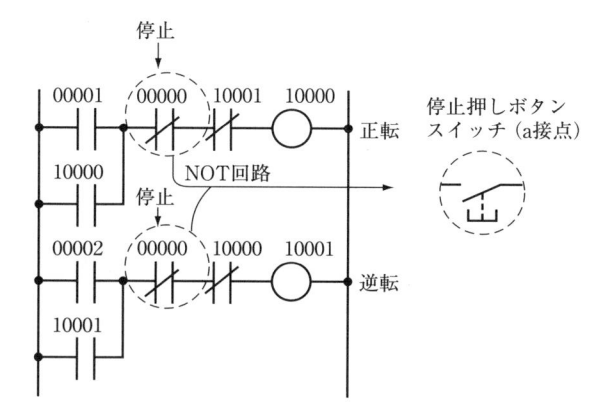

図5.2 ベルトコンベヤの正転・停止・逆転制御（a接点入力による停止）

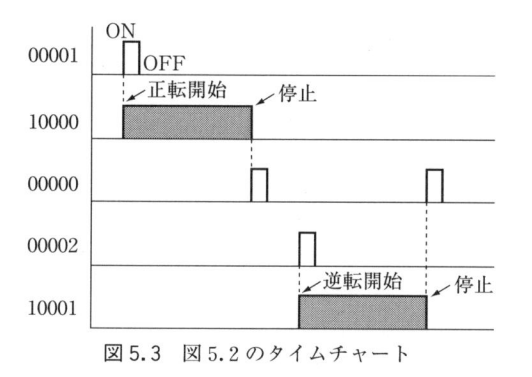

図5.3 図5.2のタイムチャート

プログラム5.1　図5.2のプログラム

アドレス	命　令	データ
00000	LD	00001
1	OR	10000
2	AND・NOT	00000
3	AND・NOT	10001
4	OUT	10000
5	LD	00002
6	OR	10001
7	AND・NOT	00000
8	AND・NOT	10000
9	OUT	10001
10	END (01)	

開き，逆転回路を不動作にする。

③　押しボタンスイッチ00000を押すと，出力リレー10000は自己保持が解除され，ベルトコンベヤは停止する。

④　押しボタンスイッチ00002を押すと，出力リレー10001はONとなり，自己のa接点10001を閉じることにより，10001は自己保持される。ベルトコンベヤは逆転する。

⑤　このとき，正転回路に10001のb接点が入っているため，このb接点は開き，正転回路を不動作にする。

⑥ 押しボタンスイッチ00000を押すと，出力リレー10001は自己保持が解除され，ベルトコンベヤは停止する。
⑦ 以上のように，この回路にはインタロック回路が入っている。

5.2.2 停止押しボタンスイッチ（b接点入力）による停止

図5.4は，図5.2と同じベルトコンベヤの正転・停止・逆転制御であるが，停止押しボタンスイッチにb接点のスイッチを使用している。図5.5にタイムチャートを示す。

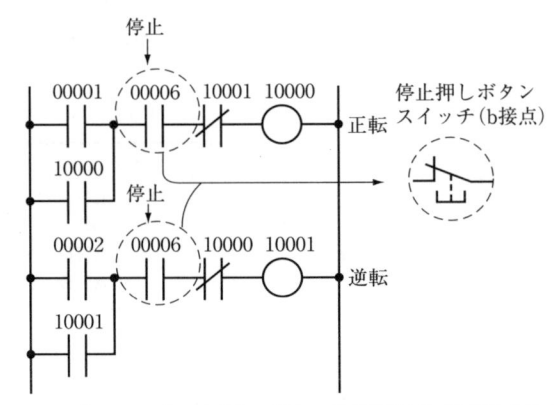

図5.4 ベルトコンベヤの正転・停止・逆転制御（b接点入力による停止）

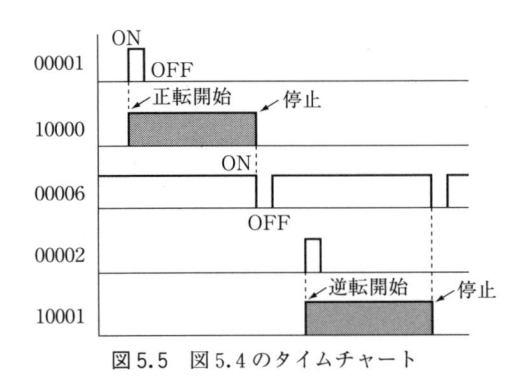

図5.5 図5.4のタイムチャート

プログラム5.2 図5.4のプログラム

アドレス	命　令	データ
00000	LD	00001
1	OR	10000
2	AND	00006
3	AND・NOT	10001
4	OUT	10000
5	LD	00002
6	OR	10001
7	AND	00006
8	AND・NOT	10000
9	OUT	10001
10	END (01)	

5.2.3 安全な回路の選択

図5.2と図5.4において，ベルトコンベヤのa接点入力による停止とb接点入力による停止について取り上げた。どちらも正常な動作をするのだが，安全な回路を選択すると，図5.4のb接点入力による停止回路になる。これは，次のような理由による。

① a接点入力による停止の場合，万一，a接点入力端子とPC入力端子とのリード線が切れたり，接触不良となったとき，停止押しボタンスイッチを押しても，a接点入力端子はOFFのままで停止が利かなくなる。

② これに対し，b接点入力による停止の場合，b接点入力端子とPC入力端子との接続が切れたときには，停止がかかった状態となり，始動ボタンスイッチを押したとしても，出力リレーはONにはならない。したがって，ベルトコンベヤは動かない。

③ また，運転中に，PC入力端子へのリード線が切れたり，接触不良になったりすると，出力リレーは直ちにOFFとなり，ベルトコンベヤは停止する。

5.2.4 SET, RSET の使用

図5.6は，SET，RSETを使用したベルトコンベヤの正転・停止・逆転制御であり，b接点入力による停止になっている。図5.7はタイムチャートである。

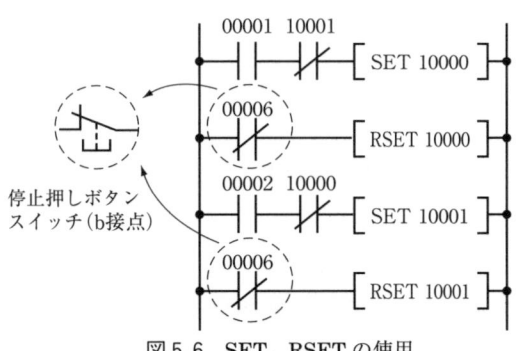

図5.6 SET, RSET の使用

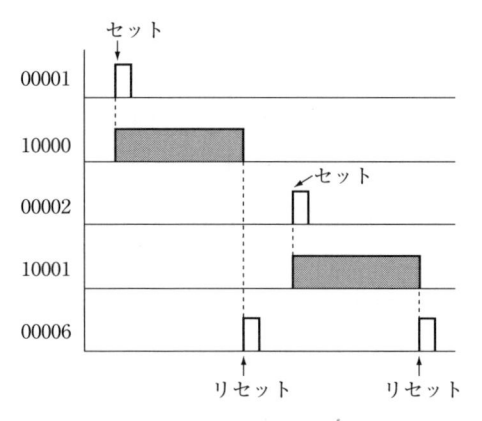

図5.7　図5.6のタイムチャート

プログラム5.3　図5.6のプログラム

アドレス	命　令	データ
00000	LD	00001
1	AND・NOT	10001
2	SET	10000
3	LD・NOT	00006
4	RSET	10000
5	LD	00002
6	AND・NOT	10000
7	SET	10001
8	LD・NOT	00006
9	RSET	10001
10	END (01)	

■回路の動作

① 押しボタンスイッチ00001を押すと，出力リレー10000はセット(保持)され，ベルトコンベヤは正転する。

② b接点入力の停止押しボタンスイッチ00006を押すと，出力リレー10000はリセット(解除)され，ベルトコンベヤは停止する。

③ 逆転の場合も同様である。

④ 正転回路と逆転回路にはインタロックがかかっているため，出力リレー10000と10001が同時にONになることはない。

5.2.5　正転・逆転制御

図5.8は，ベルトコンベヤの正転・逆転制御である。正転と逆転の変換は，停止押しボタンスイッチを押すこともなく，直接できる。正転・逆転動作の間に，モータ回路の短絡防止のため，0.5秒のタイマを入れてある。図5.9はタイムチャートである。

■回路の動作

① 正転押しボタンスイッチ00000を押すと，内部補助リレー01601はONとなり，自己のa接点を閉じる。このため，01601は自己保持される。

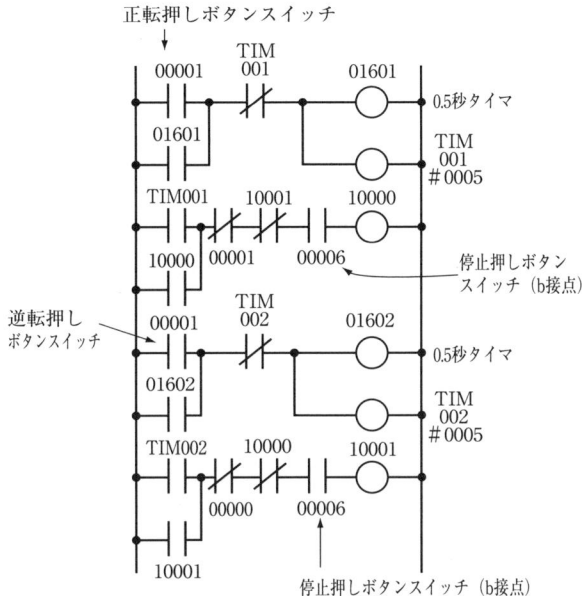

5.2 ベルトコンベヤの正転・停止・逆転制御 **107**

図5.8 ベルトコンベヤの正転・逆転制御

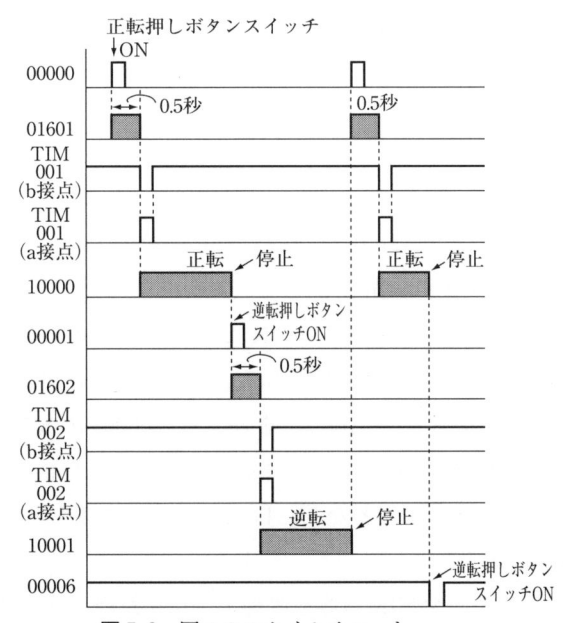

図5.9 図5.8のタイムチャート

プログラム5.4　図5.8のプログラム

アドレス	命　令	データ
00000	LD	00000
1	OR	01601
2	AND・NOT	TIM 001
3	OUT	01601
4	TIM	001
		#0005
5	LD	TIM 001
6	OR	10000
7	AND・NOT	00001
8	AND・NOT	10001
9	AND	00006
10	OUT	10000
11	LD	00001
12	OR	01602
13	AND・NOT	TIM 002
14	OUT	01602
15	TIM	002
		#0005
16	LD	TIM 002
17	OR	10001
18	AND・NOT	00000
19	AND・NOT	10000
20	AND	00006
21	OUT	10001
22	END (01)	

② 同時に，タイマTIM 001を励磁し，0.5秒経過するとタイマTIM 001のb接点は開き，a接点は閉じる。

③ すると，出力リレー10000はONとなり，自己のa接点10000を閉じることにより，10000は自己保持される。ベルトコンベヤは正転する。

④ 逆転押しボタンスイッチ00001を押すと，00001のb接点は開くので，出力リレー10000はOFFとなり，ベルトコンベヤは停止する。同時に，内部補助リレー01602はONとなり，自己のa接点を閉じる。このため，01602は自己保持される。

⑤ このとき，タイマTIM 002を励磁し，0.5秒経過するとタイマTIM 002

のb接点は開き，a接点は閉じる。
⑥ すると，出力リレー10001はONとなり，自己のa接点10001を閉じることにより，10001は自己保持される。ベルトコンベヤは逆転する。
⑦ b接点の停止押しボタンスイッチ00006をONにすると，すべて停止する。

5.3 ベルトコンベヤの寸動運転

図5.10は，ベルトコンベヤの正転・逆転ができる寸動運転であり，正転優先回路になっている。図5.11はタイムチャートである。寸動運転とは，始動押しボタンスイッチを押すたびに，少しずつベルトコンベヤが動く運転である。

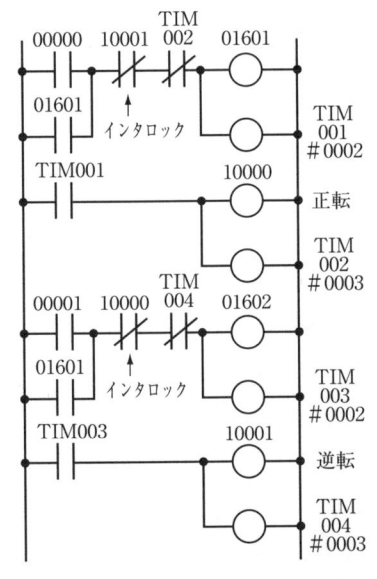

図5.10 ベルトコンベヤの寸動運転

プログラム5.5 図5.10のプログラム

アドレス	命　令	データ
00000	LD	00000
1	OR	01601
2	AND・NOT	10001
3	AND・NOT	TIM 002
4	OUT	01601
5	TIM	001 #0002
6	LD	TIM 001
7	OUT	10000
8	TIM	002 #0003
9	LD	00001
10	OR	01602
11	AND・NOT	10000
12	AND・NOT	TIM 004
13	OUT	01602
14	TIM	003 #0002
15	LD	TIM 003
16	OUT	10001
17	TIM	004 #0003
18	END (01)	

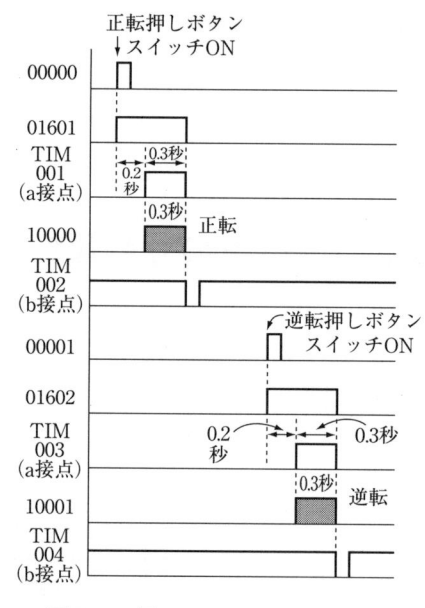

110　5　ベルトコンベヤを利用した各種の制御

図5.11　図5.10のタイムチャート

■回路の動作

① 押しボタンスイッチ00000を押すと，内部補助リレー01601はONとなり，自己のa接点01601を閉じることにより，01601は自己保持される。
② 同時に，タイマTIM 001を励磁し，0.2秒経過するとタイマTIM 001のa接点を閉じる。
③ すると，出力リレー10000はONとなり，タイマTIM 002も励磁される。ベルトコンベヤは正転する。
④ 0.3秒後にタイマTIM 002のb接点は開き，内部補助リレー01601とタイマTIM 001の励磁はOFFになる。ベルトコンベヤは，0.3秒間だけ通電し停止する。
⑤ 押しボタンスイッチ00001を押すと，内部補助リレー01602はONとなり，自己のa接点01602を閉じることにより，01602は自己保持される。
⑥ 同時に，タイマTIM 003を励磁し，0.2秒経過するとタイマTIM 003の

a 接点を閉じる。

⑦ すると，出力リレー 10001 は ON となり，タイマ TIM 004 も励磁される。ベルトコンベヤは逆転する。

⑧ 0.3 秒後にタイマ TIM 004 の b 接点は開き，内部補助リレー 01602 とタイマ TIM 003 の励磁は OFF になる。ベルトコンベヤは，0.3 秒間だけ通電し停止する。

⑨ 正転から逆転へ，あるいは逆転から正転への急変換は，インタロックがかかっているためできない。

5.4 DIFU，DIFD を使用したベルトコンベヤの寸動運転

図 5.12 は，DIFU，DIFD を使用したベルトコンベヤの寸動運転であり，正転あるいは逆転の押しボタンスイッチを押している間だけ，出力リレーは励磁され，ベルトコンベヤは動く。図 5.13 にタイムチャートを示す。

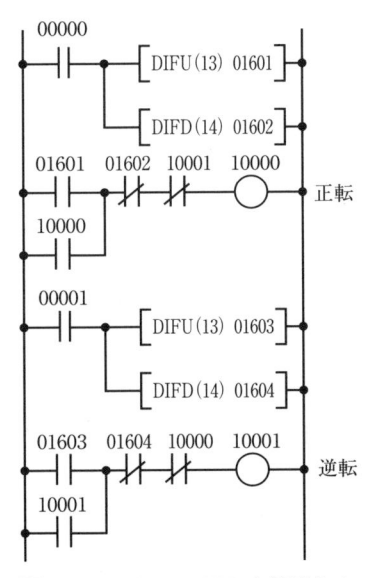

図 5.12　DIFU，DIFD を使用した寸動運転

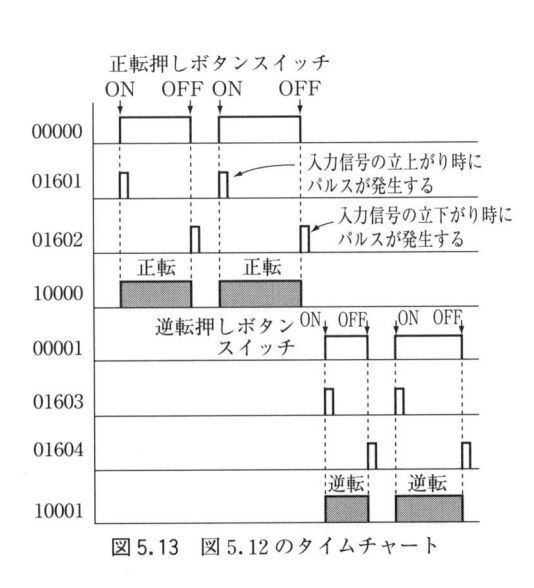

図 5.13　図 5.12 のタイムチャート

プログラム 5.6　図 5.12 のプログラム

アドレス	命　令	データ
00000	LD	00000
1	DIFU (13)	01601
2	DIFD (14)	01602
3	LD	01601
4	OR	10000
5	AND・NOT	01602
6	AND・NOT	10001
7	OUT	10000
8	LD	00001
9	DIFU (13)	01603
10	DIFD (14)	01604
11	LD	01603
12	OR	10001
13	AND・NOT	01604
14	AND・NOT	10000
15	OUT	10001
16	END (01)	

■回路の動作

① 正転押しボタンスイッチ 00000 を押すと，内部補助リレー 01601 は 1 スキャン ON になる。これは，入力信号の立上がり時にパルスが発生することを意味する。

② すると，出力リレー 10000 は ON となり，自己保持される。ベルトコンベヤは正転する。

③ 正転押しボタンスイッチ 00000 を押した手を離すと，内部補助リレー 01602 は 1 スキャン ON になる。これは，入力信号の立下がり時にパルスが発生することを意味する。

④ すると，01602 の b 接点が開くので，10000 は自己保持を解除する。ベルトコンベヤは停止する。

⑤ 逆転の動作も同様である。

5.5 ベルトコンベヤの限時制御

図5.14は，ベルトコンベヤの限時制御であり，タイムチャートを図5.15に示す。この場合の限時とは，決められた時間だけ動作することを意味する。

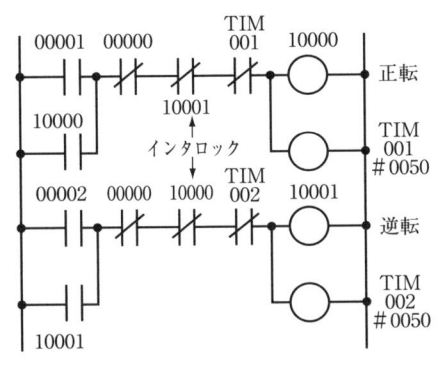

図5.14 ベルトコンベヤの限時制御

プログラム5.7　図5.14のプログラム

アドレス	命　令	データ
00000	LD	00001
1	OR	10000
2	AND・NOT	00000
3	AND・NOT	10001
4	AND・NOT	TIM 001
5	OUT	10000
6	TIM	001 #0050
7	LD	00002
8	OR	10001
9	AND・NOT	00000
10	AND・NOT	10000
11	AND・NOT	TIM 002
12	OUT	10001
13	TIM	002 #0050
14	END (01)	

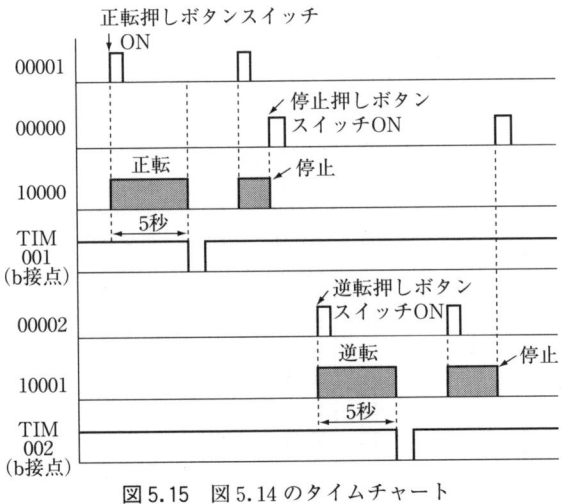

図5.15　図5.14のタイムチャート

■回路の動作

① 押しボタンスイッチ 00001 ON で，出力リレー 10000 は ON となり，自己保持される。ベルトコンベヤは正転する。5秒経過するとタイマ TIM 001 の b 接点は開き，10000 の自己保持は解除され，ベルトコンベヤは停止する。

② 押しボタンスイッチ 00002 ON で，出力リレー 10001 は ON となり，自己保持される。ベルトコンベヤは逆転する。5秒経過するとタイマ TIM 002 の b 接点は開き，10001 の自己保持は解除され，ベルトコンベヤは停止する。

③ 正転あるいは逆転中に押しボタンスイッチ 00000 が押されると，ベルトコンベヤは停止する。

④ 正転から逆転へ，あるいは逆転から正転への急変換は，インタロックがかかっているためできない。

5.6 ベルトコンベヤの繰返し運転制御

図 5.16 は，ベルトコンベヤの繰返し運転制御であり，そのタイムチャートを図 5.17 に示す。

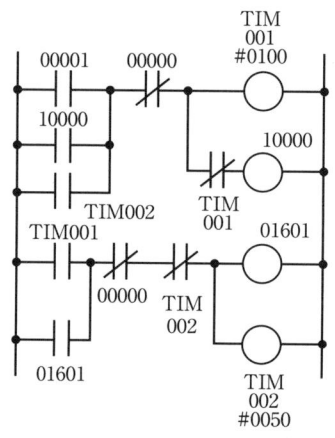

図 5.16 ベルトコンベヤの繰返し運転制御

プログラム 5.8　図 5.16 のプログラム

アドレス	命　令	データ
00000	LD	00001
1	OR	10000
2	OR	TIM 002
3	AND・NOT	00000
4	TIM	001
		#0100
5	AND・NOT	TIM 001
6	OUT	10000
7	LD	TIM 001
8	OR	01601
9	AND・NOT	00000
10	AND・NOT	TIM 002
11	OUT	01601
12	TIM	002
		#0050
13	END (01)	

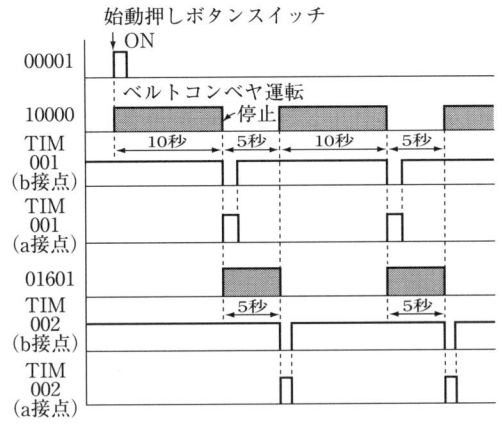

図5.17　図5.16のタイムチャート

■回路の動作

① 始動押しボタンスイッチ00001 ONで，出力リレー10000はONとなり，自己保持される。ベルトコンベヤは運転状態になる。10秒経過するとタイマTIM 001のb接点が開き，10000の自己保持は解除され，ベルトコンベヤは停止する。

② 同時に，タイマTIM 001のa接点が閉じるため，内部補助リレーの01601は自己保持される。5秒経過するとタイマTIM 002が動作し，そのb接点を開き，a接点を閉じる。

③ 01601は自己保持を解除し，出力リレー10000はONになる。ベルトコンベヤは，10秒間運転，5秒間停止を繰り返す。

5.7 ベルトコンベヤの一時停止制御

5.7.1 リミットスイッチによる一時停止制御1

図5.18は，リミットスイッチによるベルトコンベヤの一時停止制御1である。そのタイムチャートを図5.19に示す。ここで，リミットスイッチ(b接点)は，ON

になるとすぐ OFF に戻るものとする。

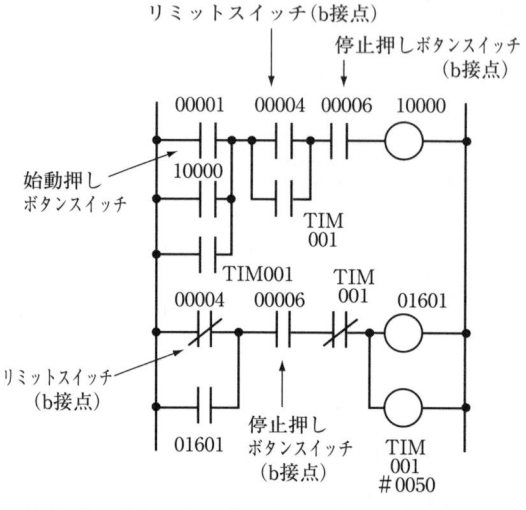

図 5.18 リミットスイッチによるベルトコンベヤの一時停止制御 1

プログラム 5.9　図 5.18 のプログラム

アドレス	命　令	データ
00000	LD	00001
1	OR	10000
2	OR	TIM 001
3	LD	00004
4	OR	TIM 001
5	AND・LD	
6	AND	00006
7	OUT	10000
8	LD・NOT	00004
9	OR	01601
10	AND	00006
11	AND・NOT	TIM 001
12	OUT	01601
13	TIM	001 #0050
14	END (01)	

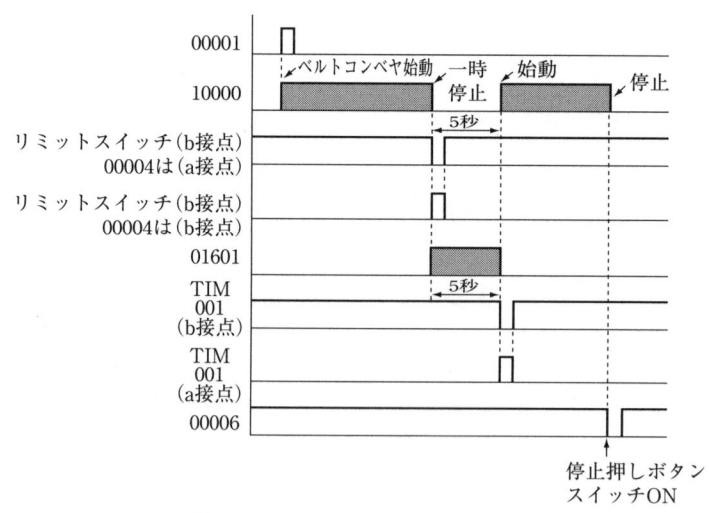

図 5.19　図 5.18 のタイムチャート

■回路の動作

① 始動押しボタンスイッチ 00001 を押すと，出力リレー 10000 は ON となり，自己保持される。ベルトコンベヤは始動する。
② ベルトに設置されているドッグが，b 接点のリミットスイッチ 00004 を ON にすると，出力リレー 10000 は自己保持を解除する。ベルトコンベヤは一時停止する。
③ 同時に，内部補助リレー 01601 は ON となり，自己保持される。
④ タイマ TIM 001 は励磁され，5 秒後にタイマ TIM 001 の a 接点と b 接点は ON になる。
⑤ すると，01601 は自己保持を解除し，出力リレー 10000 は ON になり，自己保持される。
⑥ b 接点の停止押しボタンスイッチ 00006 を ON にすると，ベルトコンベヤは停止する。

5.7.2 リミットスイッチによる一時停止制御 2

図 5.20 は，リミットスイッチによるベルトコンベヤの一時停止制御 2 である。

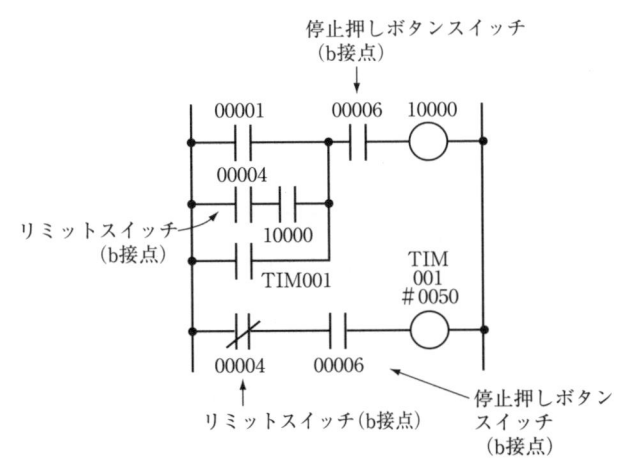

図 5.20　リミットスイッチによるベルトコンベヤの一時停止制御 2

プログラム5.10　図5.20のプログラム

アドレス	命令	データ
00000	LD	00001
1	LD	00004
2	AND	10000
3	OR・LD	
4	OR	TIM 001
5	AND	00006
6	OUT	10000
7	LD・NOT	00004
8	AND	00006
9	TIM	001
		#0050
10	END (01)	

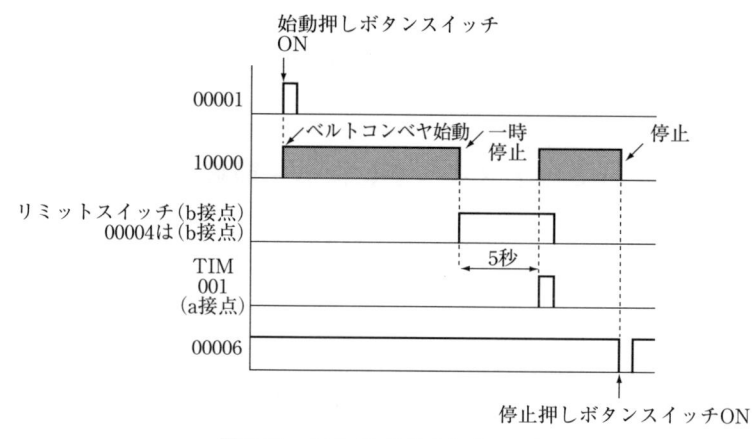

図5.21　図5.20のタイムチャート

そのタイムチャートを図5.21に示す。ここで，リミットスイッチ(b接点)がONになると，ベルトコンベヤは停止し，リミットスイッチはON状態を保つものとする。この場合，次にベルトコンベヤが動きだして，リミットスイッチはOFFに戻る。このような動作をさせるには，ベルトコンベヤのベルトの移動速度(コンベヤ速度)を遅くさせなければならない。この制御実験では，**単相インバータ**を使用してコンベヤ速度を低下させる。

■回路の動作

① 始動押しボタンスイッチ00001を押すと，出力リレー10000はONとなり，自己保持される。ベルトコンベヤは始動する。

② ベルトに設置されているドッグが，b接点のリミットスイッチ00004をONにすると，出力リレー10000は自己保持を解除する。このとき，00004はONのままである。ベルトコンベヤは一時停止する。

③ タイマTIM 001は励磁され，タイマの設定時間5秒が経過すると，タイマTIM 001のa接点は閉じ，出力リレー10000はONになる。ベルトコンベヤは再び動きだす。リミットスイッチ00004はOFFに戻り，10000は自己保持される。

④ すると，タイマTIM 001は無励磁になる。

⑤ b接点の停止押しボタンスイッチ00006をONにすると，すべて停止する。

5.7.3 KEEPを使用した一時停止制御

KEEP（キープ）は，セット入力により指定リレーをONにし，リセット入力がONになるまで指定リレーのON状態を保持する。

```
セット入力 ─── KEEP(11)
リセット入力 ───   B

    B：リレー番号
```

- セット入力とリセット入力が同時にONになった場合，リセット入力が優先される。
- リセット入力がONの間，セット入力は働かない。
- セット入力，リセット入力，KEEP命令の順にプログラムする。

図5.22は，KEEP命令を使用したベルトコンベヤの一時停止制御である。図5.23にタイムチャートを示す。ここで，リミットスイッチ（b接点）は，ONになるとすぐOFFに戻るものとする。

■回路の動作

① 始動押しボタンスイッチ00001を押すと，セット入力がONとなり，出力リレー10000はONになる。ベルトコンベヤは運転状態になる。

② ベルトに設置されているドッグが，b接点のリミットスイッチ00004を

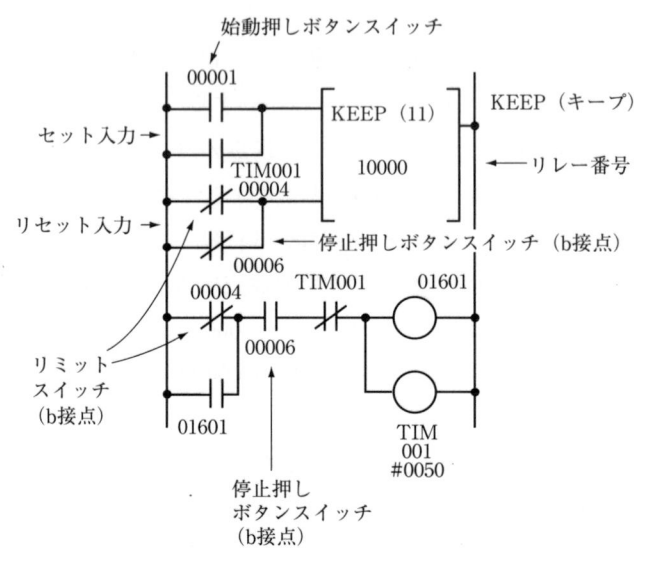

図 5.22 KEEP 命令を使用したベルトコンベヤの一時停止制御

プログラム 5.11　図 5.22 のプログラム

アドレス	命　令	データ
00000	LD	00001
1	OR	TIM 001
2	LD・NOT	00004
3	OR・NOT	00006
4	KEEP (11)	10000
5	LD・NOT	00004
6	OR	01601
7	AND	00006
8	AND・NOT	TIM 001
9	OUT	01601
10	TIM	001
		#0050
11	END (01)	

ON にすると，リセット入力が ON となり，10000 は OFF になる。ベルトコンベヤは一時停止する。

③　同時に，内部補助リレー 01601 は ON となり，自己保持される。また，タイマ TIM 001 も励磁される。

5.8 ベルトコンベヤの回転回数制御　**121**

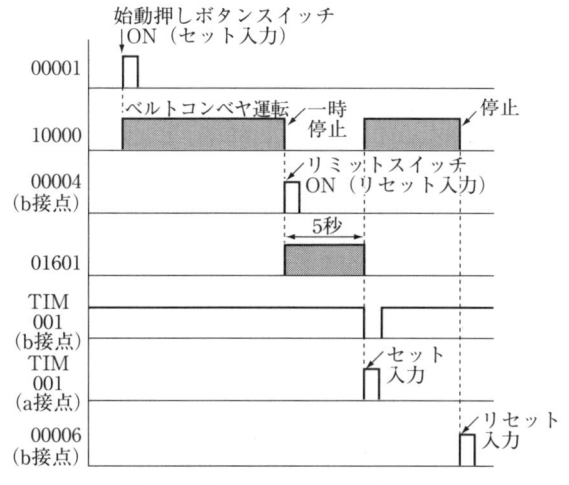

```
                   始動押しボタンスイッチ
                   ON（セット入力）
         00001      ┌┐
                    │└─────────────────────────────
                    ベルトコンベヤ運転  一時    停止
                                      停止
         10000    ┌──────────────┐    ┌──────┐
         ─────────┘              └────┘      └───
                              リミットスイッチ
                              ON（リセット入力）
         00004                    ┌┐
         (b接点) ───────────────────┘└─────────────
                              ←5秒→
         01601   ─────────────┌────┐────────────
                              └────┘
         TIM
         001
         (b接点)  ─────────────────┐    ┌─────────
                                  └────┘
         TIM
         001
         (a接点)  ─────────────────────┌┐─────────
                                      └┘
         00006                              ┌┐
         (b接点) ────────────────────────────┘└───
                                          リセット
                                          入力
```

図5.23　図5.22のタイムチャート

④　タイマの設定時間5秒が経過すると，TIM 001のa接点はONとなり，セット入力になる。また，TIM 001のb接点は開くので，01601は自己保持を解除する。①へ戻り，ベルトコンベヤは運転状態になる。

⑤　b接点の停止押しボタンスイッチ00006をONにすることによって，すべて停止する。

5.8　ベルトコンベヤの回転回数制御

　図5.24は，ベルトコンベヤの回転回数制御であり，そのタイムチャートを図5.25に示す。ここで，リミットスイッチ(b接点)は，ONになるとすぐOFFに戻るものとする。また，スタート位置は，ドッグがリミットスイッチを抜けた所（ONからOFFになった所）とする。カウンタの設定値を3にすると，ベルトコンベヤは3回転して停止する。

■回路の動作

①　始動押しボタンスイッチ00000を押すと，出力リレー10000はONになり，自己のa接点10000を閉じることにより，10000は自己保持される。ベ

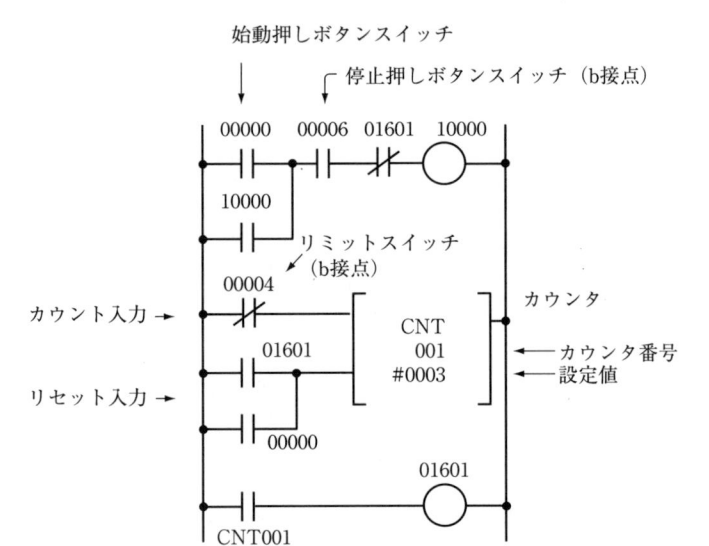

122　5　ベルトコンベヤを利用した各種の制御

図 5.24　ベルトコンベヤの回転回数制御

プログラム 5.12　図 5.24 のプログラム

アドレス	命　令	データ
00000	LD	00000
1	OR	10000
2	AND	00006
3	AND・NOT	01601
4	OUT	10000
5	LD・NOT	00004
6	LD	01601
7	OR	00000
8	CNT	001
		#0003
9	LD	CNT 001
10	OUT	01601
11	END (01)	

ルトコンベヤは始動する。

② ベルトコンベヤが回転し，ベルトに設置されたドッグがリミットスイッチ 00004 を ON にするたびに，カウント入力となる。

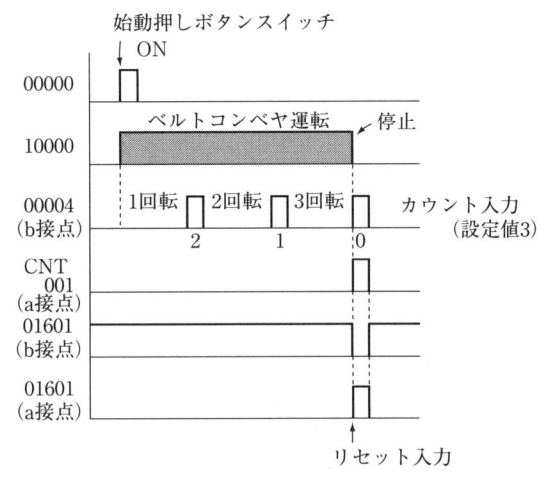

図 5.25 図 5.24 のタイムチャート

③ カウント入力が設定値 3 に達すると，カウンタ CNT 001 の a 接点は ON になり，内部補助リレー 01601 を ON にする。
④ すると，01601 の b 接点は開くので，出力リレー 10000 は自己保持を解除し OFF になる。ベルトコンベヤは停止する。
⑤ 同時に，01601 の a 接点は閉じるので，これがリセット入力となり，カウンタはリセットされる。このため，ON になっていた CNT 001 の a 接点は開き，01601 は OFF になる。

5.9　ベルトコンベヤの正転・逆転回数制御

　図 5.26 は，ベルトコンベヤの正転・逆転回数制御であり，そのタイムチャートを図 5.27 に示す。ここで，リミットスイッチ（b 接点）は，ON になるとすぐ OFF に戻るものとする。スタート位置は，ドッグがリミットスイッチを ON にする直前とする。ベルトコンベヤは，3 回転すると 5 秒間停止し，その後，逆方向に 3 回転して停止する。

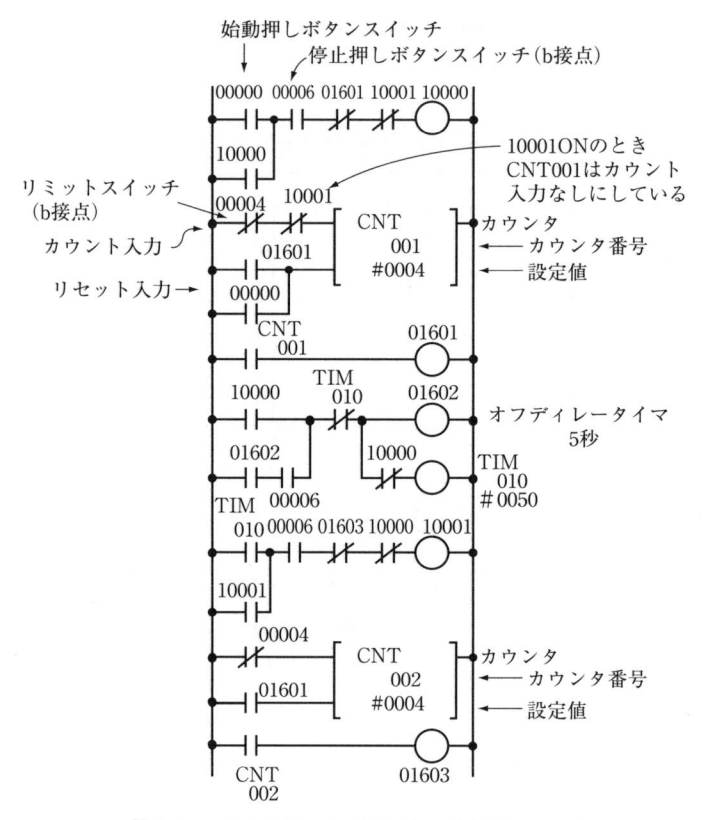

124　5　ベルトコンベヤを利用した各種の制御

図5.26　ベルトコンベヤの正転・逆転回数制御

(ラダー図中の注記)
- 始動押しボタンスイッチ
- 停止押しボタンスイッチ(b接点)
- 10001ONのとき CNT001はカウント入力なしにしている
- リミットスイッチ(b接点)
- カウント入力
- リセット入力
- カウンタ
- カウンタ番号
- 設定値
- オフディレータイマ5秒

■回路の動作

① 始動押しボタンスイッチ00000ONにより，出力リレー10000はONとなり，ベルトコンベヤは正転する。

② ドッグがリミットスイッチをONにするたびに，カウント入力となる。

③ カウンタCNT001は，カウント入力が設定値4に達すると動作し，そのa接点CNT001をONにする。

④ すると，内部補助リレー01601はONとなり，そのb接点01601を開く。このため，出力リレー10000はOFFとなり，ベルトコンベヤは一時停止する。この一時停止時間5秒は，オフディレータイマで作る。

プログラム 5.13　図 5.26 のプログラム

アドレス	命　令	データ
00000	LD	00000
1	OR	10000
2	AND	00006
3	AND・NOT	01601
4	AND・NOT	10001
5	OUT	10000
6	LD・NOT	00004
7	AND・NOT	10001
8	LD	01601
9	OR	00000
10	CNT	001
		#0004
11	LD	CNT 001
12	OUT	01601
13	LD	10000
14	LD	01602
15	AND	00006
16	OR・LD	
17	AND・NOT	TIM 010
18	OUT	01602
19	AND・NOT	10000
20	TIM	010
		#0050
21	LD	TIM 010
22	OR	10001
23	AND	00006
24	AND・NOT	01603
25	AND・NOT	10000
26	OUT	10001
27	LD・NOT	00004
28	LD	01601
29	CNT	002
		#0004
30	LD	CNT 002
31	OUT	01603
32	END (01)	

⑤　5 秒経過すると，タイマ TIM 010 の a 接点は ON となり，出力リレー 10001 は ON になる。このため，ベルトコンベヤは逆転する。

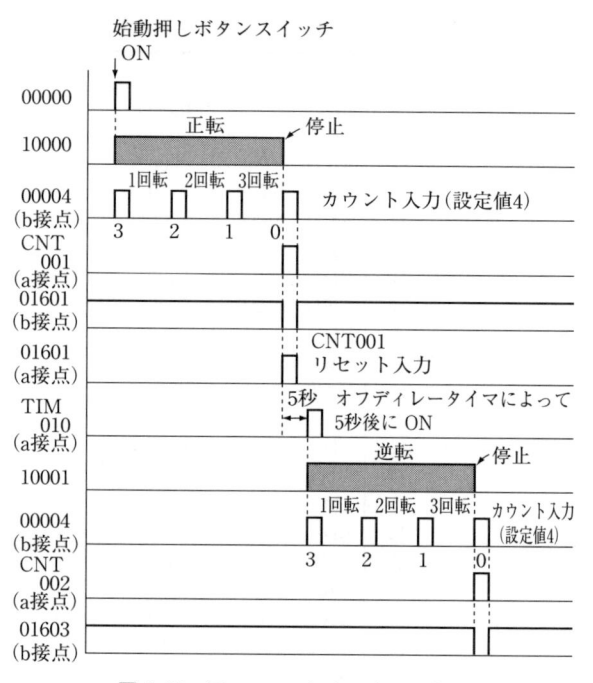

図5.27　図5.26のタイムチャート

⑥　逆転のカウントもリミットスイッチ00004でするのだが，逆転のスタート位置は，ドッグがリミットスイッチをONにする直前にある。3回転で停止させるため，カウンタCNT002の設定値は4になっている。

⑦　カウンタCNT002は，カウント入力が4に達すると動作し，そのa接点CNT002をONにする。

⑧　このため，内部補助リレー01603はONとなり，そのb接点01603を開く。したがって，出力リレー10001はOFFとなり，ベルトコンベヤは停止する。

⑨　すべての動作停止は，b接点の押しボタンスイッチ00006を押す。

5.10 ベルトコンベヤの簡易位置決め制御1 ──●

　図5.28は，ベルトコンベヤの簡易位置決め制御1である。図5.29にタイムチャートを示す。図5.30のように，フォトインタラプタ回路とスリット円板によるパルス発生器を使用し，パルス数をカウントすることによって位置決めを行っている。このパルス発生器は，円板のスリットが円周上に10個あるので，円板が1回転すると10個のパルスを発生する。詳しい動作内容は，4.5節パルス発生器で述べている。

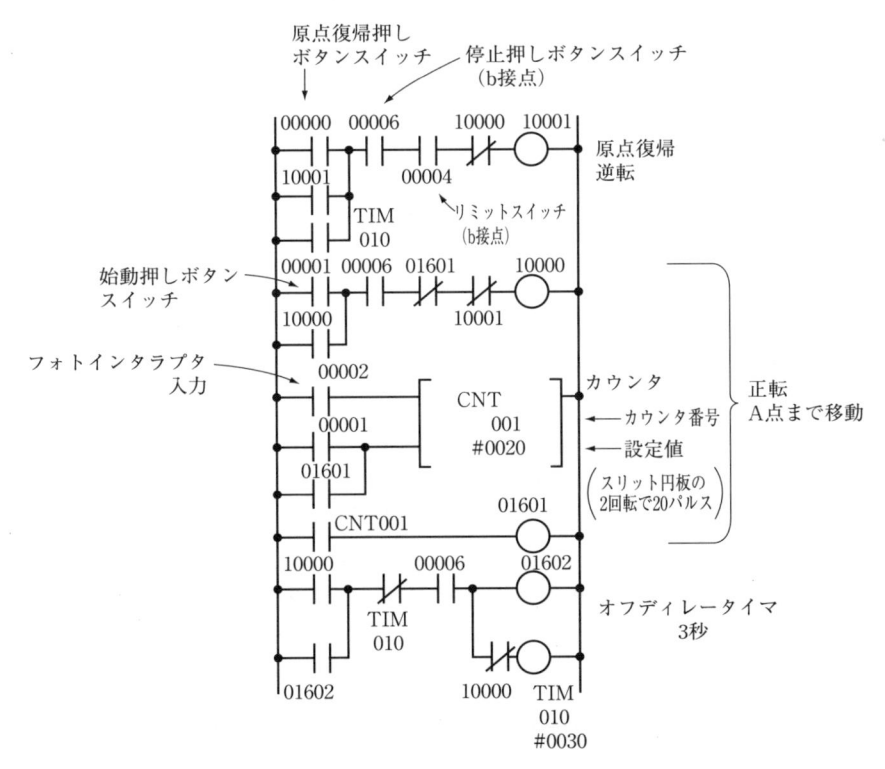

図5.28　ベルトコンベヤの簡易位置決め制御1

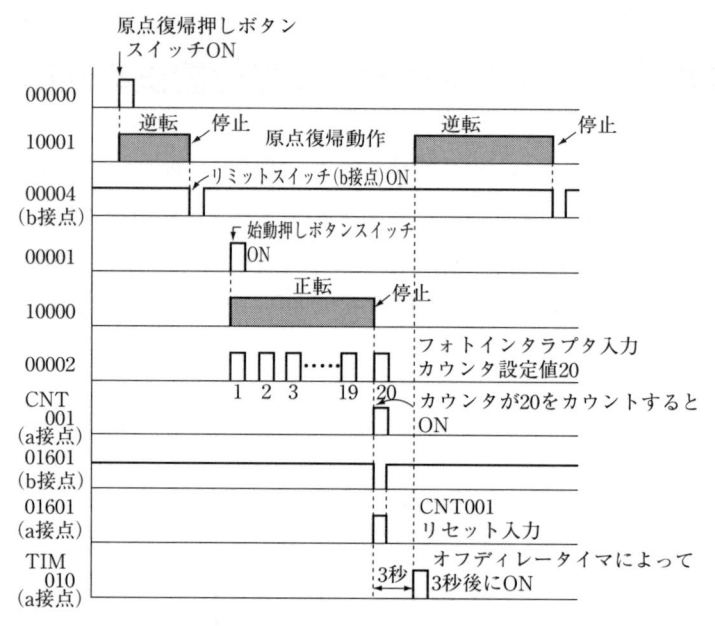

図5.29　図5.28のタイムチャート

　図5.31は，この位置決め制御の動作を示している．まず，ベルトコンベヤを逆転させ，原点に復帰させる．次にベルトコンベヤを正転させ，指定位置までベルトを移動させる．そこで3秒停止，再び原点に戻る．

　この制御実験では，リミットスイッチは，ONになるとすぐOFFに戻る，あるいはONのまま，どちらでもよい．

■回路の動作

① 原点復帰押しボタンスイッチ00000を押すことにより，出力リレー10001をONにする．

② ベルトコンベヤは逆転し，ドッグがリミットスイッチ00004をONにすることにより，ベルトコンベヤは停止する．ここが原点となる．

③ 始動押しボタンスイッチ00001をONにすると，出力リレー10000はONになり，ベルトコンベヤは正転する．

④ ベルトコンベヤが動くに従い，スリット円板は回転し，パルス発生器はパ

プログラム5.14 図5.28のプログラム

アドレス	命 令	データ
00000	LD	00000
1	OR	10001
2	OR	TIM 010
3	AND	00006
4	AND	00004
5	AND・NOT	10000
6	OUT	10001
7	LD	00001
8	OR	10000
9	AND	00006
10	AND・NOT	01601
11	AND・NOT	10001
12	OUT	10000
13	LD	00002
14	LD	00001
15	OR	01601
16	CNT	001
		＃0020
17	LD	CNT 001
18	OUT	01601
19	LD	10000
20	OR	01602
21	AND・NOT	TIM 010
22	AND	00006
23	OUT	01602
24	AND・NOT	10000
25	TIM	010
		＃0030
26	END (01)	

ルスを発生する。

⑤ カウンタCNT 001はこのパルスをカウントし，カウント数が設定値20に達すると，CNT 001のa接点は閉じる。

⑥ このため，内部補助リレー01601が動作し，01601のb接点は開いて出力リレー10000をOFFにする。ベルトコンベヤは停止する。

⑦ オフディレータイマによって，ベルトコンベヤは3秒間動かない。

⑧ 3秒経過すると，タイマTIM 010のa接点はONになり，原点復帰押し

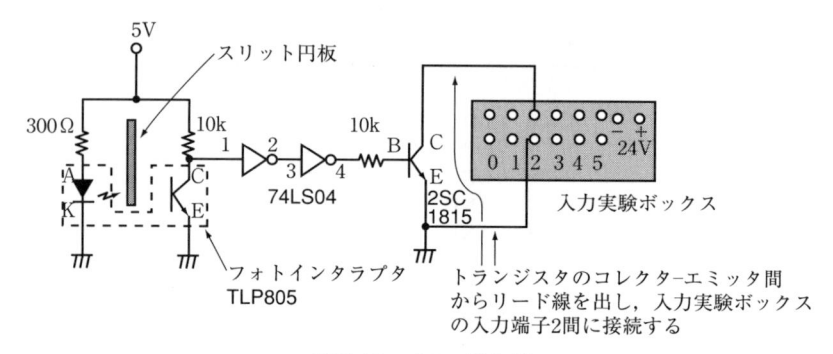

130   5 ベルトコンベヤを利用した各種の制御

図 5.30　パルス発生器

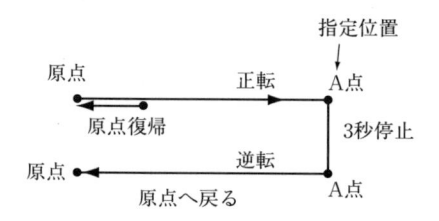

図 5.31　位置決め制御 1 の動作

原点から A 点までの距離は
カウンタの設定値によって決まる

ボタンスイッチを押したことと同じになる。
⑨　ベルトコンベヤは逆転し，原点で停止する。

5.11　ベルトコンベヤの簡易位置決め制御 2

　図 5.32 は，ベルトコンベヤの簡易位置決め制御 2 であり，図 5.28 の簡易位置決め制御 1 に，繰返し動作と原点での 5 秒停止タイマを加えたものである。
■回路の動作
①　原点復帰押しボタンスイッチ 00000 の ON で，原点復帰させる。
②　停止押しボタンスイッチ 00006 を押し，原点で停止させておく。
③　始動押しボタンスイッチ 00001 の ON で始動する。

5.11 ベルトコンベヤの簡易位置決め制御 2

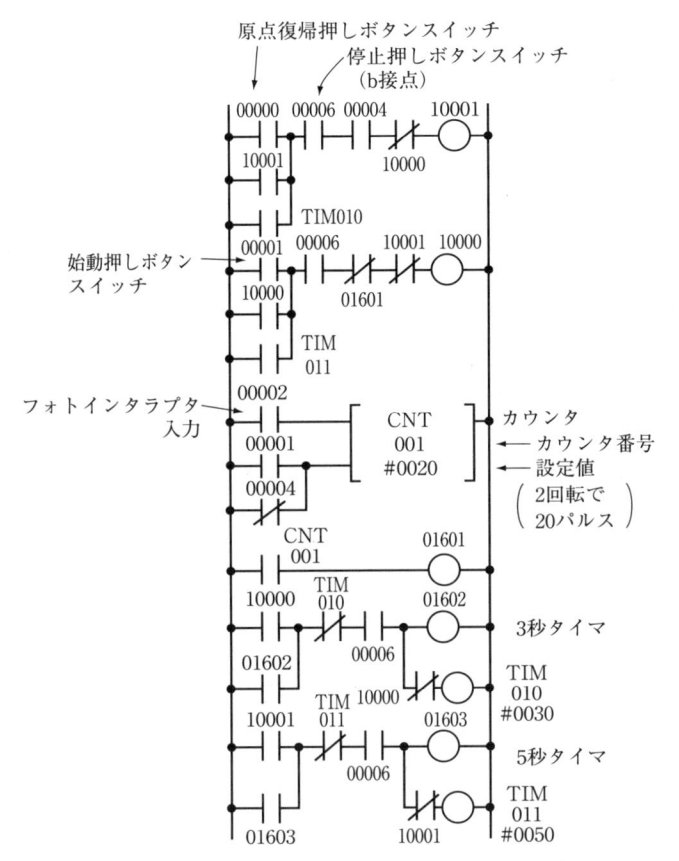

図 5.32 ベルトコンベヤの簡易位置決め制御 2

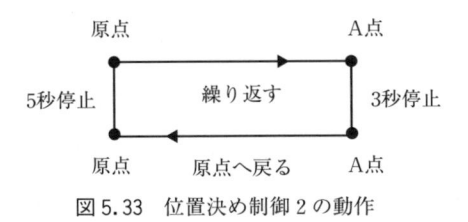

図 5.33 位置決め制御 2 の動作

④ 図 5.33 のように，原点から A 点へ行き，3 秒停止，再び原点へ戻り，5 秒停止する。これを繰り返す。

プログラム 5.15　図 5.32 のプログラム

アドレス	命　令	データ
00000	LD	00000
1	OR	10001
2	OR	TIM 010
3	AND	00006
4	AND	00004
5	AND・NOT	10000
6	OUT	10001
7	LD	00001
8	OR	10000
9	OR	TIM 011
10	AND	00006
11	AND・NOT	01601
12	AND・NOT	10001
13	OUT	10000
14	LD	00002
15	LD	00001
16	OR・NOT	00004
17	CNT	001 #0020
18	LD	CNT 001
19	OUT	01601
20	LD	10000
21	OR	01602
22	AND・NOT	TIM 010
23	AND	00006
24	OUT	01602
25	AND・NOT	10000
26	TIM	010 #0030
27	LD	10001
28	OR	01603
29	AND・NOT	TIM 011
30	AND	00006
31	OUT	01603
32	AND・NOT	10001
33	TIM	011 #0050
34	END (01)	

5.12　エスカレータの自動運転

　この制御実験は，ベルトコンベヤをエスカレータに見立てる。図 5.34 は，光電スイッチの外観と，光電スイッチと入力実験ボックスとの接続である。図(b)のように，エスカレータの入口に設置した光電スイッチで人を検知すると，エスカレータは動きだす。エスカレータの下から上までに要する時間(たとえば 10 秒)がたつと，エスカレータは停止する。しかし，次から次へと人が乗ってくると，最後に乗った人を光電スイッチがとらえた後，10 秒で停止する。

　図 5.35 は，エスカレータの自動運転であり，省エネルギー効果がある。図 5.36 にタイムチャートを示す。

■回路の動作

　① 光電スイッチの光軸を人が遮断すると，光電スイッチ 00001 は ON とな

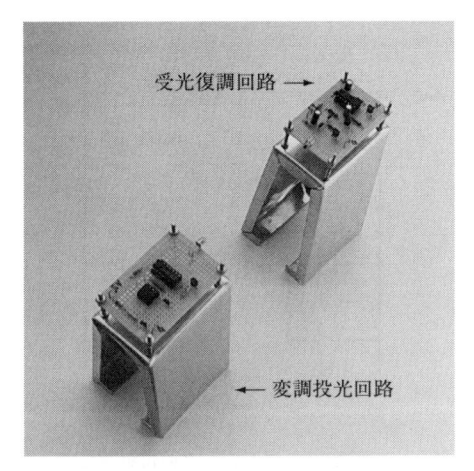

5.12 エスカレータの自動運転　**133**

(a) 光電スイッチの外観

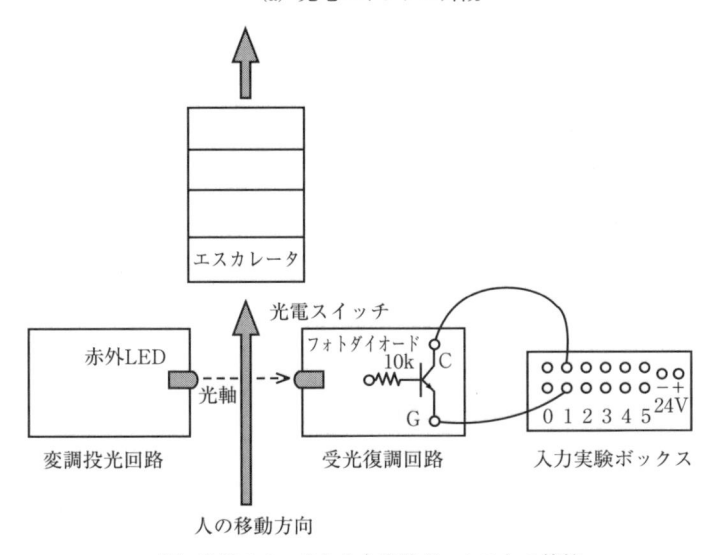

(b) 光電スイッチと入力実験ボックスとの接続

図 5.34　光電スイッチの外観と，光電スイッチと入力実験ボックスとの接続

り，出力リレー 10000 は **ON** になる．すると，エスカレータは運転状態に入る．

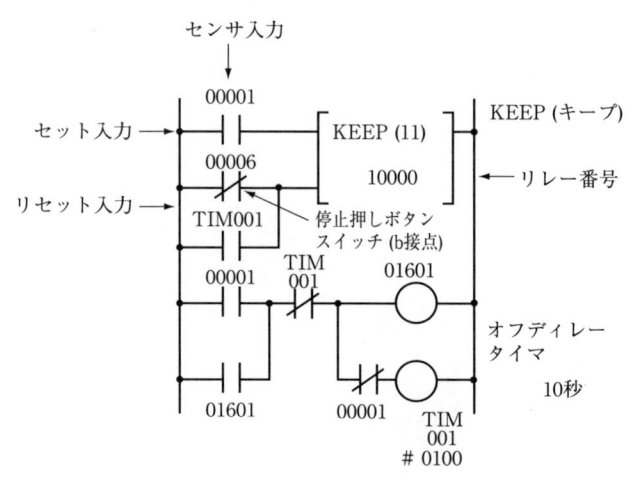

図 5.35 エスカレータの自動運転

プログラム 5.16　図 5.35 のプログラム

アドレス	命　令	データ
00000	LD	00001
1	LD・NOT	00006
2	OR	TIM 001
3	KEEP (11)	10000
4	LD	00001
5	OR	01601
6	AND・NOT	TIM 001
7	OUT	01601
8	AND・NOT	00001
9	TIM	001
		＃0100
10	END (01)	

② エスカレータに続けて人が乗ってくると，センサ入力パルスは次々と作られ，最後に乗った人を検知したセンサ入力パルスの，OFF になったときから 10 秒後に出力リレー 10000 は OFF になる。エスカレータは停止する。

③ これは，オフディレータイマの働きにより，タイマ TIM 001 の b 接点が開いて 01601 を OFF とし，TIM 001 の a 接点は閉じて KEEP をリセットするからである。

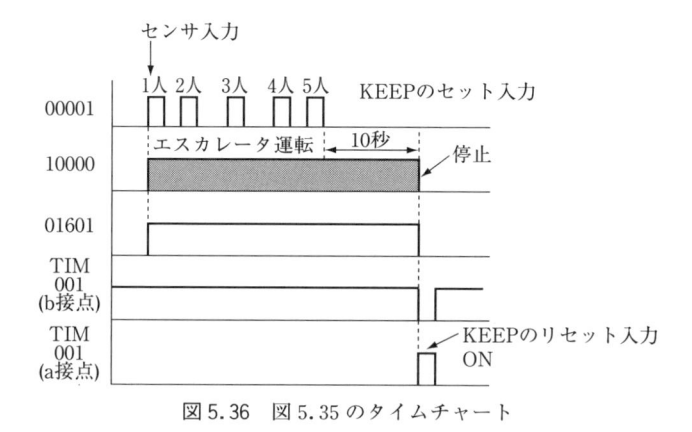

```
                センサ入力
                1人 2人 3人 4人 5人    KEEPのセット入力
     00001      ┌┐ ┌┐ ┌┐ ┌┐ ┌┐
                ┌──────────────┐
     10000      │ エスカレータ運転  │ 10秒  停止
                │              │←──→│
                └──────────────┘
     01601      ┌────────────────┐
                └────────────────┘
     TIM
     001        ──────────────────┐  ┌──
     (b接点)                      └──┘
     TIM                            ┌┐     KEEPのリセット入力
     001        ───────────────────┘└──── ON
     (a接点)
```

図 5.36　図 5.35 のタイムチャート

5.13　シャッタの開閉制御

　この制御実験は，ベルトコンベヤをガレージのシャッタに見立てる．リミットスイッチは ON になると ON のまま，あるいはすぐ OFF に戻る，どちらでもよい．

　シャッタの開閉制御で使用する IL（インタロック），ILC（インタロッククリア）の使い方をまず説明する．

　図 5.37(a) のように，分岐後に接点を通じて駆動されるリレーが 2 個以上ある場合は，この回路は使用できない．このようなとき，図 5.37(b) のように IL(02)，ILC(03) を適用する．図(c)のラダー図において，IL の条件 00000 が ON のとき，各リレーは IL，ILC がない場合と同じ動作をする．IL はインタロックの始まりを，ILC は終わりを示す．

　図 5.38 は，シャッタの開閉制御であり，そのタイムチャートを図 5.39 に示す．このタイムチャートでは，リミットスイッチは，ON になると ON のままで，次にシャッタが動きだして OFF に戻るものとしている．シャッタが閉じるときに人が挟まれないように，光電スイッチによる安全装置が付いている．図 5.34 と同様にして，光電スイッチの出力端子 C とグランド端子 G は，入力実験ボッ

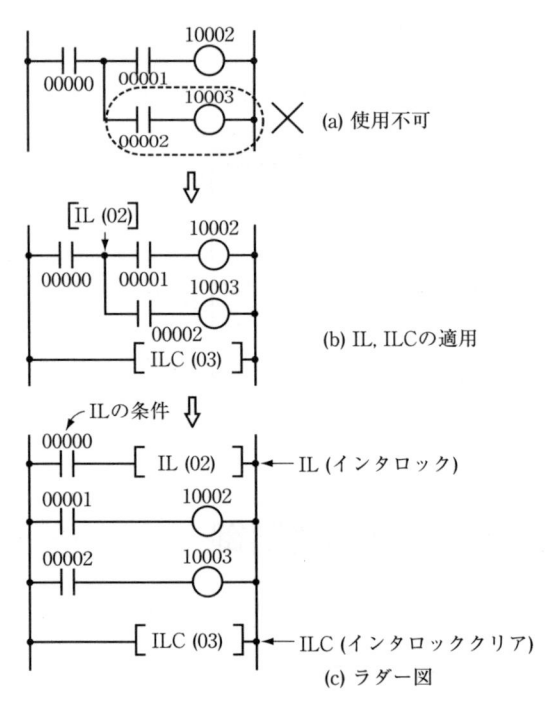

図 5.37　IL，ILC の使い方

プログラム 5.17　図 5.37(c) のプログラム

アドレス	命　令	データ
00000	LD	00000
1	IL (02)	
2	LD	00001
3	OUT	10002
4	LD	00002
5	OUT	10003
6	ILC (03)	
7	END (01)	

スの 3 番端子に接続する．

■回路の動作

① 正転押しボタンスイッチ 00001 の ON で，出力リレー 10000 は ON とな

5.13 シャッタの開閉制御 **137**

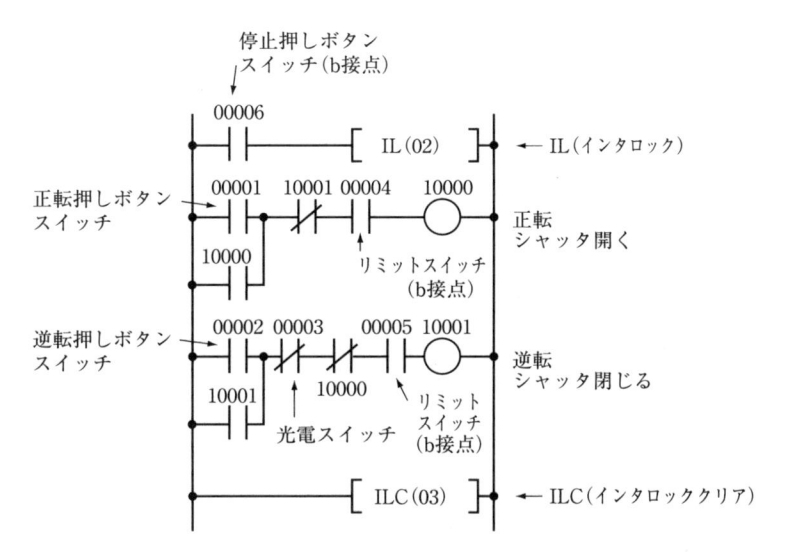

図5.38 シャッタの開閉制御

プログラム5.18　図5.38のプログラム

アドレス	命　令	データ
00000	LD	00006
1	IL (02)	
2	LD	00001
3	OR	10000
4	AND・NOT	10001
5	AND	00004
6	OUT	10000
7	LD	00002
8	OR	10001
9	AND・NOT	00003
10	AND・NOT	10000
11	AND	00005
12	OUT	10001
13	ILC (03)	
14	END (01)	

り，シャッタは開いていく．。

② リミットスイッチ00004がONになると，出力リレー10000はOFFとなり，シャッタは開いた状態で停止する．

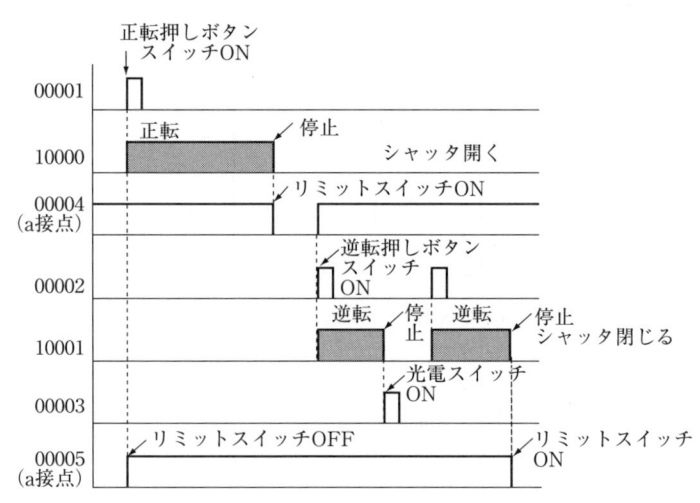

図 5.39　図 5.38 のタイムチャート

③　逆転押しボタンスイッチ 00002 の ON で，出力リレー 10001 は ON となり，シャッタは閉じていく。
④　シャッタが閉じていく途中で，人がシャッタの下にくると光電スイッチが動作し，出力リレー 10001 を OFF にする。シャッタの動きは停止する。
⑤　再度，逆転押しボタンスイッチ 00002 の ON で，シャッタは閉じていく。
⑥　リミットスイッチ 00005 が ON になると，シャッタは完全に閉じ，シャッタの動きは停止する。
⑦　シャッタの開閉動作の途中で，シャッタの動きを停止させるには，停止押しボタンスイッチ 00006 を ON にする。

5.14　自動ドア

　ここでは，ベルトコンベヤを自動ドアに見立てる。リミットスイッチは，ON になるとすぐ OFF に戻る，あるいは ON のまま，どちらでもよい。
　図 5.40 は，自動ドアの制御であり，人を検知するセンサに光電スイッチを使うことにする。実際の自動ドアでは，超音波センサや焦電型赤外線センサなどが

使用される。図5.34と同様にして，光電スイッチの出力端子CとグランドG端子Gは，入力実験ボックスの1番端子に接続する。光電スイッチは1セットしかないので，もう1セット分は押しボタンスイッチ2で代用する。

図5.41は図5.40のタイムチャートで，リミットスイッチは，ONになるとONのままで，次にドアが動きだしてOFFに戻るものとしている。

■回路の動作

① ドアの外側に光電スイッチ00001，内側に光電スイッチ00002を使うものとする。
② ドアに人が近づき，センサ入力があると，オンディレータイマで0.5秒後に出力リレー10000をONにする。すると，ドアは開き始める。
③ ドアが完全に開くと，リミットスイッチ00004はONになり，出力リレー10000はOFFになる。ドアの動きは停止する。

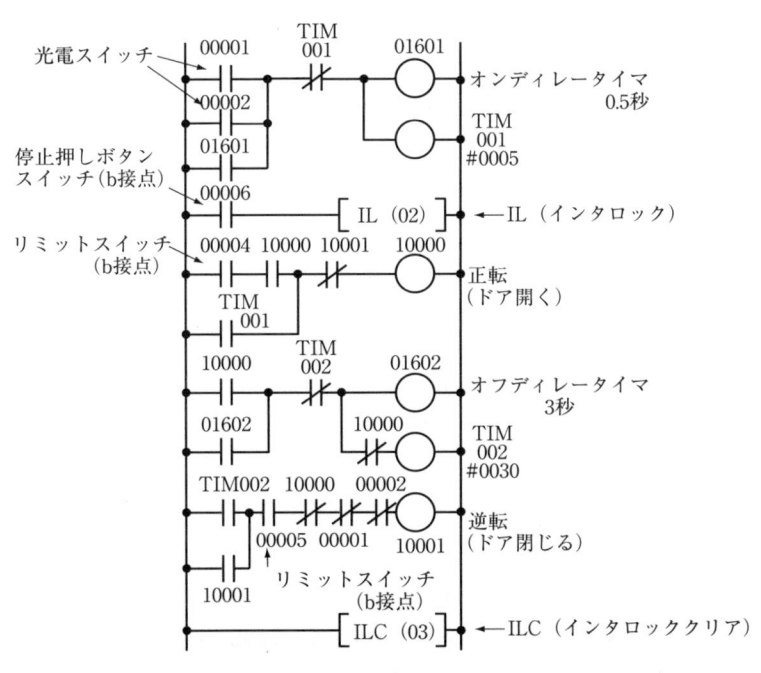

図5.40 自動ドア

プログラム 5.19　図 5.40 のプログラム

アドレス	命　令	データ
00000	LD	00001
1	OR	00002
2	OR	01601
3	AND・NOT	TIM 001
4	OUT	01601
5	TIM	001
		＃0005
6	LD	00006
7	IL (02)	
8	LD	00004
9	AND	10000
10	LD	TIM 001
11	OR・LD	
12	AND・NOT	10001
13	OUT	10000
14	LD	10000
15	OR	01602
16	AND・NOT	TIM 002
17	OUT	01602
18	AND・NOT	10000
19	TIM	002
		＃0030
20	LD	TIM 002
21	OR	10001
22	AND	00005
23	AND・NOT	10000
24	AND・NOT	00001
25	AND・NOT	00002
26	OUT	10001
27	ILC (03)	
28	END (01)	

④　オフディレータイマによって，3秒後に出力リレー 10001 は ON になる。すると，ドアは閉じ始める。

⑤　ドアの閉じている最中に，人がドアに近づくと，センサ入力 00001 あるいは 00002 は ON となり，出力リレー 10001 は OFF になる。

⑥　すると，ドアの閉じる動きは停止し，オンディレータイマによって 0.5 秒

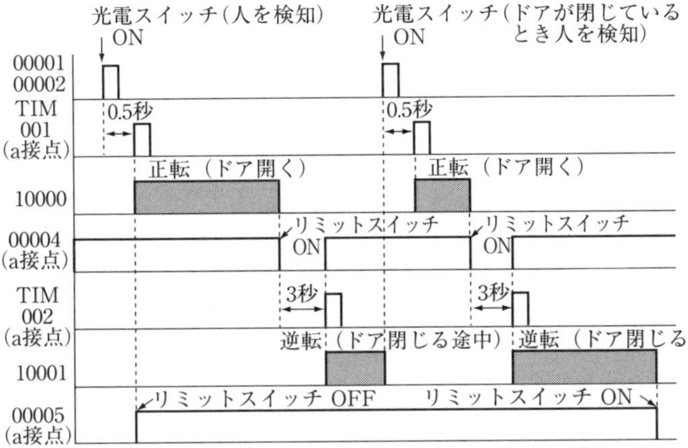

```
                光電スイッチ（人を検知）    光電スイッチ（ドアが閉じている
                     ↓ON                 ↓ON    とき人を検知）
00001
00002 ─────────┐ ┌────────────────────┐ ┌──────────────────────
TIM              0.5秒                    0.5秒
001           ├─┤                      ├─┤
(a接点)       ←─→                      ←─→
              ┌──正転（ドア開く）──┐   ┌──正転（ドア開く）──┐
10000 ────────┤                    ├───┤                    ├──
                                リミットスイッチ     リミットスイッチ
                                     ON                 ON
00004 ──────────────────────────┐ ┌──────────────────┐ ┌──────
(a接点)
TIM                              3秒                   3秒
002                             ├─┤                   ├─┤
(a接点)
                                 逆転（ドア閉じる途中）逆転（ドア閉じる）
10001 ────────────────────────────┌────────────────┐┌──────────┐
                                  │                ││          │
           リミットスイッチ OFF      リミットスイッチ ON
00005 ─────┐                                      ┌─────────────
(a接点)    └──────────────────────────────────────┘
```

図 5.41　図 5.40 のタイムチャート

後にドアは開き始める。オンディレータイマの働きは，単相誘導モータ回路の短絡防止である。

⑦　その後，③，④の動作を経て，ドアが完全に閉じると，リミットスイッチ 00005 は ON となり，出力リレー 10001 は OFF になる。したがって，ドアの閉じる動きは停止する。

⑧　自動ドアの全運転の停止には，押しボタンスイッチ 00006 を押す。

5.15　ベルトコンベヤにおける物体の高低の判別と振り分け

　図 5.42 は，ベルトコンベヤにおける物体の高低の判別と振り分けであり，実体図になっている。図に示すパルス発生器の部分は，次の 5.16 節の実験で必要となる。

　ベルトコンベヤ上の背の高い物体は，光電スイッチの光軸に到着すると光電スイッチを ON にするが，背の低い物体は光軸の下を通過するため，光電スイッチは OFF のままである。この特性により，物体の高低を判別する。

　図 5.43 はラダー図であり，図 5.44 にタイムチャートを示す。

■回路の動作

① 始動押しボタンスイッチ 00000 ON により，出力リレー 10000 は ON となり，自己保持回路によってベルトコンベヤは連続運転に入る。
② 背の高い物体が光電スイッチの光軸に入ると，光電スイッチは ON となり，物体が光軸を通過すると OFF に戻る。
③ この時点から1秒後に，オフディレータイマ TIM 001 の働きによって，出力リレー 10003(ソレノイド)を動作させ，物体をベルトコンベヤの外へ振り分ける。
④ オフディレータイマ TIM 002 によって，ソレノイドが動作している時間は 0.5 秒に設定されている。
⑤ b接点の押しボタンスイッチ 00006 を押すと，ベルトコンベヤは停止する。

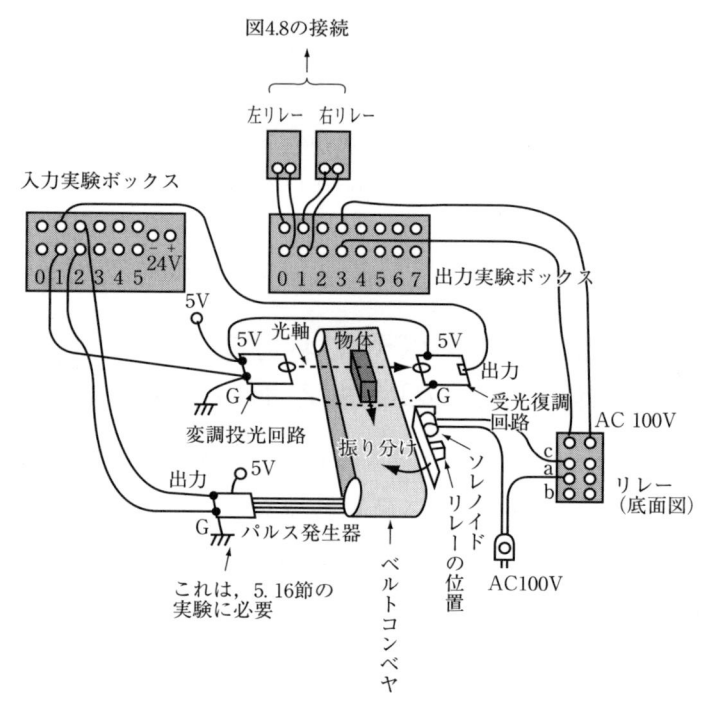

図 5.42 ベルトコンベヤにおける物体の高低の判別と振り分け(実体図)

5.15 ベルトコンベヤにおける物体の高低の判別と振り分け

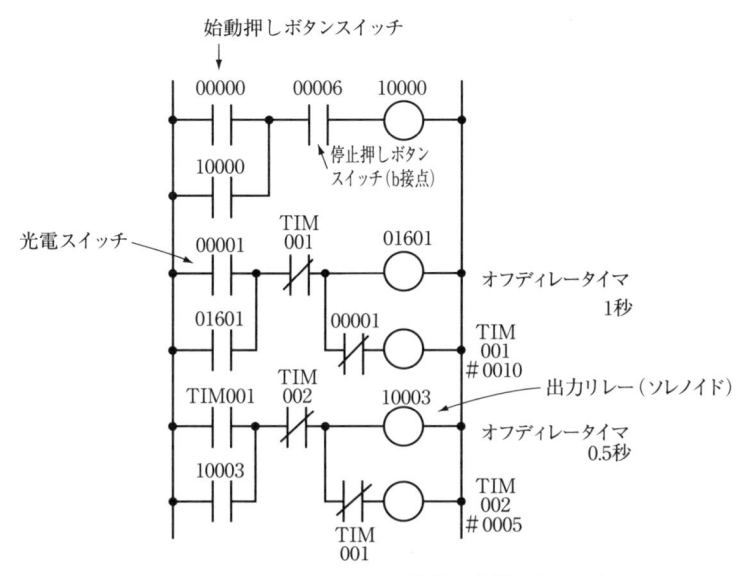

図5.43 ベルトコンベヤにおける物体の高低の判別と振り分け

プログラム5.20 図5.43のプログラム

アドレス	命 令	データ
00000	LD	00000
1	OR	10000
2	AND	00006
3	OUT	10000
4	LD	00001
5	OR	01601
6	AND・NOT	TIM 001
7	OUT	01601
8	AND・NOT	00001
9	TIM	001
		#0010
10	LD	TIM 001
11	OR	10003
12	AND・NOT	TIM 002
13	OUT	10003
14	AND・NOT	TIM 001
15	TIM	002
		#0005
16	END (01)	

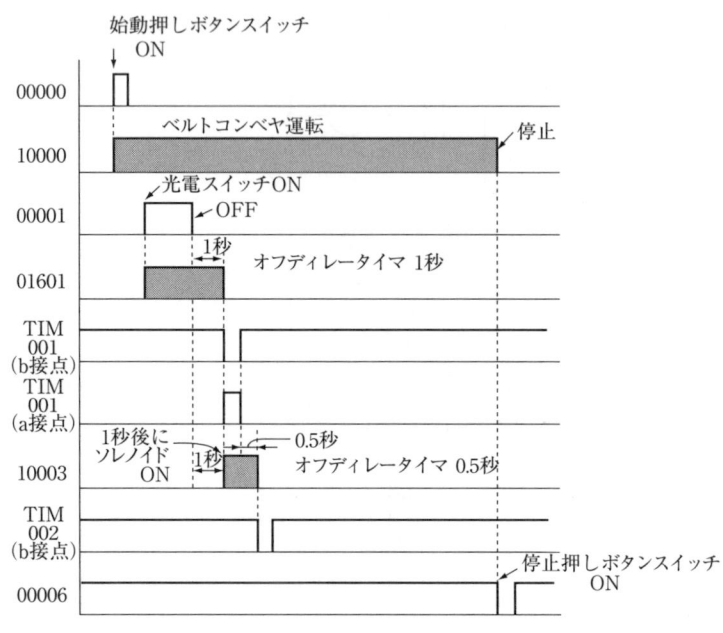

図5.44 図5.43のタイムチャート

5.16 ベルトコンベヤにおける物体の横幅の判別と振り分け

図5.42において，物体が光電スイッチの光軸に到着・通過することによって，光電スイッチはON-OFFをする。横幅の長い物体は，横幅の短い物体よりも光電スイッチをONにさせている時間が長い。パルス発生器と可逆カウンタによって，光電スイッチのON時間に発生するパルスをカウントする。この発生パルス数と設定パルス数とを比較し，発生パルス数が設定パルス数より大きければ，横幅の長い物体であると判別できる。その後，オフディレータイマによって一定時間経過した後に，ソレノイドで横幅の長い物体だけを振り分ける。

図5.45は，ベルトコンベヤにおける物体の横幅の判別と振り分けである。

■回路の動作

① 始動押しボタンスイッチ00000 ONにより，出力リレー10000はONとな

り，自己保持回路によってベルトコンベヤは連続運転に入る。
② 可逆カウンタの加算カウント入力は，光電スイッチのa接点とパルス入力のa接点が直列接続になっている。また，リセット入力は光電スイッチのb接点である。
③ このため，可逆カウンタは，光電スイッチがONになっているときのパルス入力をカウントし，光電スイッチがOFFになるとリセットされる。
④ 可逆カウンタのカウント数は，CNT 010に格納され，CMP（比較）命令の比較データ1（S_1）になる。
⑤ CMP（比較）命令は，比較データ1（S_1）と比較データ2（S_2）を比較し，比較結果が$S_1 > S_2$なら特殊補助リレー25505をONにする。

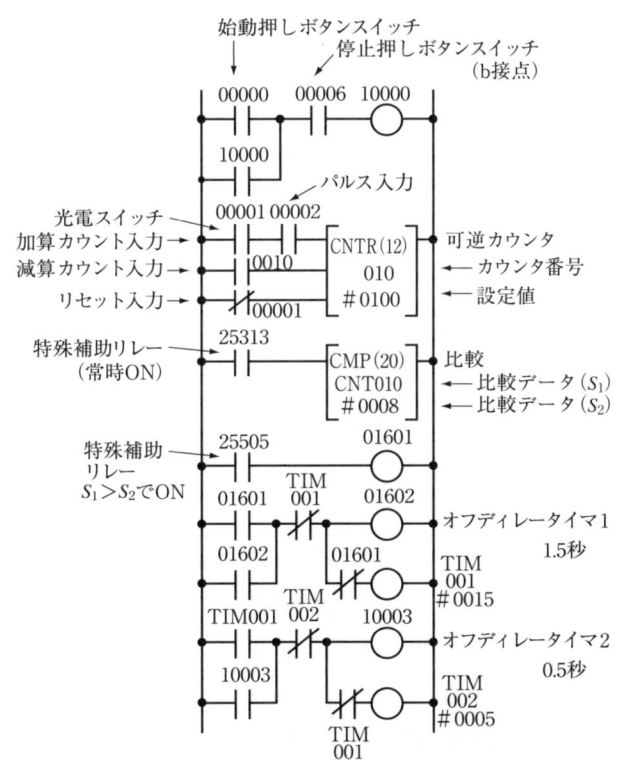

図5.45 ベルトコンベヤにおける物体の横幅の判別と振り分け

プログラム 5.21　図 5.45 のプログラム

アドレス	命　令	データ
00000	LD	00000
1	OR	10000
2	AND	00006
3	OUT	10000
4	LD	00001
5	AND	00002
6	LD	00010
7	LD・NOT	00001
8	CNTR (12)	010
		#0100
9	LD	25313
10	CMP (20)	
		CNT 010
		#0008
11	LD	25505
12	OUT	01601
13	LD	01601
14	OR	01602
15	AND・NOT	TIM 001
16	OUT	01602
17	AND・NOT	01601
18	TIM	001
		#0015
19	LD	TIM 001
20	OR	10003
21	AND・NOT	TIM 002
22	OUT	10003
23	AND・NOT	TIM 001
24	TIM	002
		#0005
25	END (01)	

⑥　比較データ 2 (S_2) が 0008 (8 個) になっているのは，次の理由による。

⑦　パルス発生器のスリット円板には 10 個のスリットがあり，スリット円板が 1 回転すると 10 個のパルスを発生する。このとき，ベルトコンベヤは実測によると 11.1 cm 進む。このため，0008 (8 個) のパルスをカウントするには，コンベヤは約 8.9 cm 移動することになる。

⑧　ベルトコンベヤ上を移動する物体の横幅が 8.9 cm より大きければ，8 個

以上のパルスがカウントされ，設定値より大きな物体であると判別される。

⑨ すると，特殊補助リレー25505はONとなり，内部補助リレー01601もONになる。このため，オフディレータイマ1は1.5秒を作り，1.5秒後に出力リレー10003をONにする。

⑩ 出力リレー10003はソレノイドを作動させ，横幅が大きいと判別した物体を振り分ける。

⑪ オフディレータイマ2の働きにより，ソレノイドが動作している時間は0.5秒である。

⑫ 横幅が小さいと判別された物体は，特殊補助リレー25505がOFFのままなので，ベルトコンベヤ上をそのまま移動する。

5.17　7セグメント表示器による生産目標値の減算表示

図5.46は，光電スイッチと7セグメント表示器を使用した，ベルトコンベヤ上を移動する製品の生産目標値の減算表示である。そのラダー図を図5.47に示す。

■回路の動作

① 可逆カウンタの設定値を，たとえば9999とする。

② SUB（減算）命令の指定定数（被減算データ）を，たとえば1000とする。

③ SUB命令はキャリーを含めて演算するので，可逆カウンタのリセット入力00001 ONと同時に，可逆カウンタの現在値とキャリーをクリアする。この時点で，7セグメント表示器は1000を表示する。

④ 押しボタンスイッチ00000を押すと，内部補助リレー01601は1スキャンONになる。これは，入力信号の立上がり時にパルスを作っている。

⑤ 01601のa接点がONになると，出力リレー10000はONになり，10000のa接点を閉じる。

⑥ 01601のb接点は開から閉にすぐ戻るため，01601のb接点と10000のa接点によって，出力リレー10000は自己保持される。ベルトコンベヤは連続

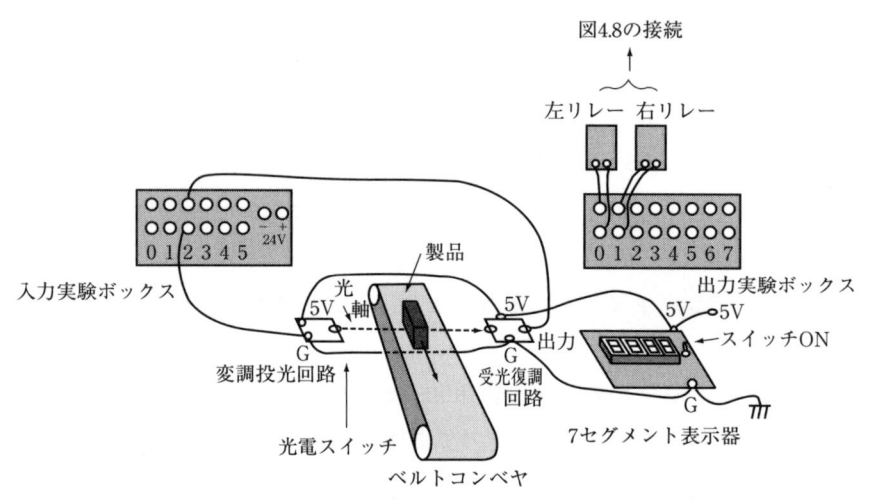

148   5 ベルトコンベヤを利用した各種の制御

図 5.46 7セグメント表示器による生産目標値の減算表示(実体図)

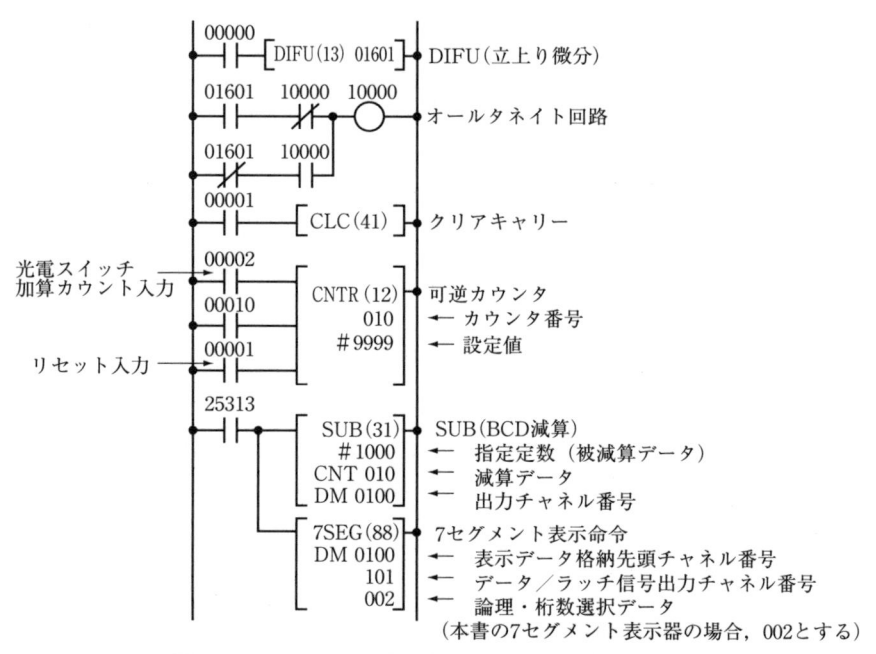

図 5.47 7セグメント表示器による生産目標値の減算表示

プログラム 5.22　図 5.47 のプログラム

アドレス	命　令	データ
00000	LD	00000
1	DIFU (13)	01601
2	LD	01601
3	AND・NOT	10000
4	LD・NOT	01601
5	AND	10000
6	OR・LD	
7	OUT	10000
8	LD	00001
9	CLC (41)	
10	LD	00002
11	LD	00010
12	LD	00001
13	CNTR (12)	010
		＃9999
14	LD	25313
15	SUB (31)	
		＃1000
		CNT 010
		DM 0100
16	7 SEG (88)	
		DM 0100
		101
		002
17	END (01)	

運転に入る。

⑦　④〜⑥は，立上り微分による入力信号のパルス化とオールタネイト回路であり，ベルトコンベヤを停止させるには，押しボタンスイッチ 00000 を再び押せばよい。

⑧　ベルトコンベヤ上の製品が光電スイッチ (00002) の光軸に入ると，00002（加算カウント入力）は ON となり，カウンタの現在値は +1 され，CNT 010 に格納される。

⑨　SUB 命令の指定定数（被減算データ）は 1000 であり，CNT 010 の値 1 は減算データとなるので，データメモリ DM 0100 の値は 999 になる。

⑩　データメモリ DM 0100 のデータは，7 セグメント表示命令 (7 SEG) によ

り，7セグメント表示器に表示される。
⑪　次から次へ製品が光電スイッチの光軸に入ると，7セグメント表示器の表示は，999，998，997のように減少していく。

5.18　ベルトコンベヤの移動速度の測定と表示

　図5.48は，パルス発生器と7セグメント表示器を使用した，ベルトコンベヤのベルトの移動速度(コンベヤ速度)の測定と表示である。図5.49にラダー図を示す。

　図4.11に示したように，パルス発生器のスリット円板には10個のスリットがある。したがって，スリット円板が1回転すると，パルス発生器は10個のパルスを発生する。製作したベルトコンベヤは，スリット円板が1回転すると11.1 cm (111 mm)だけベルトが移動する。このため，1秒間のパルス数をカウントすることにより，ベルトコンベヤの移動速度を測定することができる。たとえば，1秒間のパルス数が10個であれば，移動速度は11.1 cm/s，20個であれば22.2 cm/s，5個であれば5.55 cm/sとなる。

■回路の動作
①　始動押しボタンスイッチ00000 ONにより，出力リレー10000はONになり，自己保持回路によってベルトコンベヤは連続運転に入る。
②　二つのオンディレータイマを働かせるため，押しボタンスイッチ00001をONにする。
③　オンディレータイマ1の回路では，内部補助リレー01601がONとなり，自己保持回路によって01601は自己保持される。
④　同時に，可逆カウンタの加算カウント入力にある01601のa接点は閉じ，このa接点と00002は直列接続になっているので，パルス発生器からのパルスを可逆カウンタはカウントする。
⑤　オンディレータイマ1は1秒に設定されているので，1秒経過するとタイマのb接点TIM 001は開く。すると，01601の自己保持は解除される。

5.18 ベルトコンベヤの移動速度の測定と表示 **151**

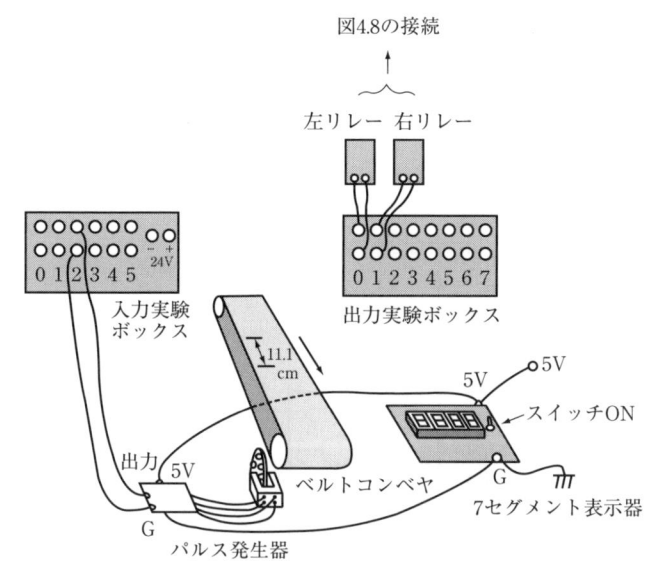

図 5.48 ベルトコンベヤの移動速度の測定と表示 (実体図)

⑥ 同時に，可逆カウンタの加算カウント入力にある 01601 の a 接点は開く。したがって，可逆カウンタはカウントを停止する。

⑦ ②の動作に続いて，オンディレータイマ 2 の回路では，内部補助リレー 01602 が ON となり，自己保持回路によって 01602 は自己保持される。このとき，可逆カウンタの b 接点のリセット入力 01602 は開く。

⑧ オンディレータイマ 2 は 3 秒に設定されているので，3 秒経過するとタイマの b 接点 TIM 002 は開く。すると，01602 の自己保持は解除される。

⑨ 同時に，可逆カウンタの b 接点のリセット入力 01602 は閉じ，可逆カウンタはリセットされる。

⑩ MUL（BCD 乗算）命令は，可逆カウンタの値 CNT 010 と乗数データ 111 を乗算し，その結果をデータメモリ DM 0200 に入れる。

⑪ DM 0200 の値は，7 SEG 命令によって 7 セグメント表示器に表示される。表示器の表示はベルトコンベヤの移動速度であり，たとえば，1330 と表示されていれば 133 mm/s，すなわち 13.3 cm/s となる。

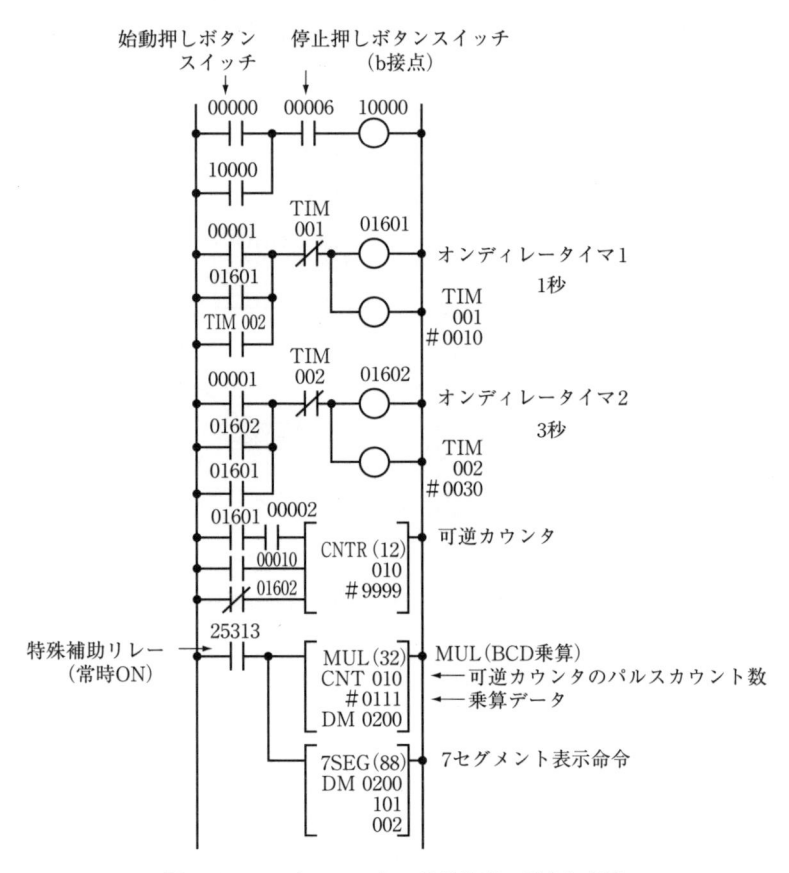

図5.49 ベルトコンベヤの移動速度の測定と表示

⑫ 繰り返して表示させるため，オンディレータイマ1の00001と並列にTIM 002のa接点を入れ，オンディレータイマ2の00001と並列に01601のa接点を入れてある。

⑬ 表5.1は，ベルトコンベヤのコンベヤ速度の測定結果である。単相インバータによって周波数を30 Hz～90 Hzまで可変させ，設定した周波数における7セグメント表示器の表示と，ストップウォッチを使用して測定したコンベヤ速度を表している。

5.18 ベルトコンベヤの移動速度の測定と表示

プログラム 5.23　図 5.49 のプログラム

アドレス	命　令	データ
00000	LD	00000
1	OR	10000
2	AND	00006
3	OUT	10000
4	LD	00001
5	OR	01601
6	OR	TIM 002
7	AND・NOT	TIM 001
8	OUT	01601
9	TIM	001
		#0010
10	LD	00001
11	OR	01602
12	OR	01601
13	AND・NOT	TIM 002
14	OUT	01602
15	TIM	002
		#0030
16	LD	01601
17	AND	00002
18	LD	00010
19	LD・NOT	01602
20	CNTR (12)	010
		#9999
21	LD	25313
22	MUL (32)	
		CNT 010
		#0111
		DM 0200
23	7 SEG (88)	
		DM 0200
		101
		002
24	END (01)	

⑭　測定結果を見ると，7 SEG 表示と実測値はほぼ等しい値になっている。より正確に表示させるには，スリット円板のスリット数を増加させればよい。

表5.1 コンベヤ速度の測定

周波数 〔Hz〕	コンベヤ速度〔cm/s〕	
	7SEG表示	実測値
30	5.55	5.66
40	8.88	8.65
50	11.1	11.05
60	13.3	13.2
70	14.4	14.7
80	15.5	15.7
90	16.6	16.8

6 ステッピングモータとDCモータの制御

電子機械の駆動源であるアクチュエータとして,誘導モータのほかに,ステッピングモータやDCモータがある。これらのモータの制御には,ワンチップマイコンがよく使用されるが,PCの小形化,低価格化,および高性能化に伴い,PCによる制御も増えてきている。

ステッピングモータとDCモータの制御実験の前に,どちらのモータも,まず,その特徴や動作原理,およびモータの特性を詳しく述べ,ハードウエアの理解を深めることにする。

ステッピングモータの制御では,ステッピングモータコントローラ用ICを用いた駆動回路を製作し,ステッピングモータ駆動一軸制御装置による制御実験をする。

DCモータの制御では,DCモータ駆動用ICを用いた駆動回路とPWM制御回路を製作し,制御実験に入る。

以上のようにして,本章では,各モータのハードウエアとソフトウエアを学ぶことができる。

6.1　ハイブリッド型ステッピングモータ

6.1.1　ステッピングモータとその特徴

ステッピングモータは,パルス発振器からのパルス信号に同期して回転する同期モータで,パルスモータともいわれる。固定子の励磁コイルに,相順に従ってパルス信号を入力させてみる。すると磁界が回転し,この磁界と回転子磁極との間に働く吸引・反発力により,1パルスで,回転子は$1.8°$, $3.6°$, $7.5°$など一定の角度だけ回転する。これはステッピングモータの構造によるもので,1パルスあたりの回転角度をステップ角と呼んでいる。パルスが次々に入力するので,回転子は入力パルス数に応じて回転する。

ステッピングモータは,起動・停止,位置決めに優れた制御性をもっていて,

次のような特徴がある。

① ステップ角は一定なので，回転角度は入力パルス数に比例する。
② 1ステップあたりの角度誤差は±5%程度で，この誤差は連続回転させても累積されない。
③ 起動・停止応答性に優れているので，瞬時に正逆転ができる。
④ 減速機を使用することなく，パルス間隔を広くすることにより，低速運転ができる。
⑤ 励磁コイルが励磁されていると大きな保持力をもち，回転子に永久磁石を使っているステッピングモータでは，無励磁状態でも保持力をもつ。このため，停止位置がずれない。
⑥ フィードバック機構を必要としない，いわゆるオープンループ制御ができる。

6.1.2 2相ステッピングモータの駆動回路と励磁方式

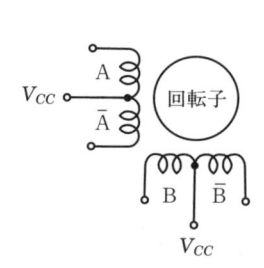

図6.1はステッピングモータの内部結線であり，駆動巻線による分類では2相ステッピングモータという。

図6.1 ステッピングモータの内部結線

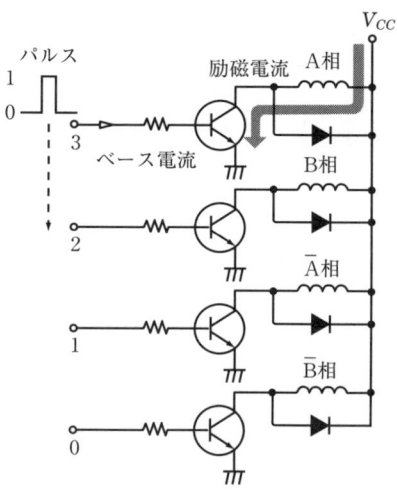

図6.2 トランジスタによる駆動回路

図 6.2 は，トランジスタを使ったステッピングモータの駆動回路である。入力端子 3，2，1，0 の順に正パルスを繰り返し入力させると，各トランジスタには，パルス入力のたびにベース電流が流れる。すると，励磁コイルの A 相，B 相，$\overline{\text{A}}$ 相，$\overline{\text{B}}$ 相の順に，電流増幅された励磁電流が流れ，各コイルは順次励磁され，回転する磁界ができる。ステップ角が $1.8°$ であれば，1 パルスで $1.8°$ ずつ回転子は回転する。パルス周波数を高くすれば高速回転となり，パルスを加える相順を逆にすれば逆転する。各励磁コイルと逆並列に接続されているダイオードは，励磁コイルの OFF 時に，コイルに発生する逆起電力を吸収し，トランジスタの破損を防ぐためにある。

ステッピングモータの励磁コイルに，決まった順序で電流を流す方式を**励磁方式**という。この励磁方式を変えることにより，同じモータを駆動しても，それぞれ違った特性を引き出すことができる。

励磁方式は次の三つに分けられる。それぞれの励磁方式の**励磁シーケンス**を，図 6.3，図 6.4，図 6.5 に示す。

(1) 1 相励磁方式

A 相，B 相，$\overline{\text{A}}$ 相，$\overline{\text{B}}$ 相の各励磁コイルに対し，順次相を切り換えて電流を流し，常時 1 相ずつ励磁する方式である。消費電力は少なくなるが，ダンピング(振

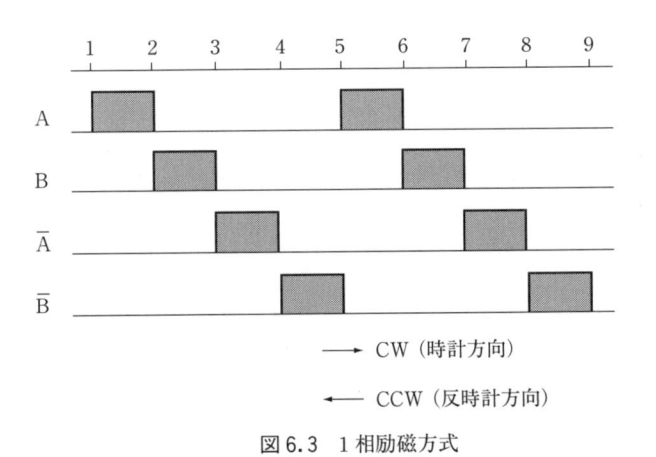

図 6.3 1 相励磁方式

158　6　ステッピングモータとDCモータの制御

図6.4　2相励磁方式

図6.5　1-2相励磁方式

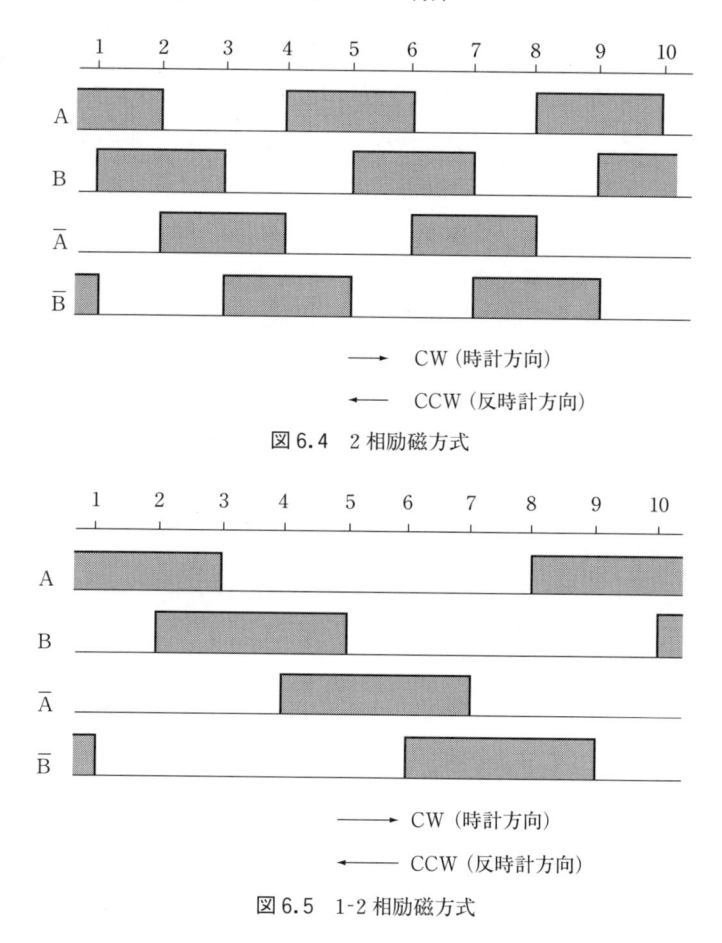

れ止め)効果が少ないため振動が発生しやすい。トルクも小さいので，あまり使用されない。

(2)　2相励磁方式

　AB→B$\overline{\text{A}}$→$\overline{\text{A}}$ $\overline{\text{B}}$→$\overline{\text{B}}$A のように，位相差はあるが常時2相ずつ励磁してステップ送りをする方式である。1相励磁に対して消費電力は2倍になるが，その分，出力トルクも大きくなり，ダンピング特性が優れているので振動が少なく，現在もっとも多く使用されている。

(3) 1-2相励磁方式

$A\overline{B}{\rightarrow}A{\rightarrow}AB{\rightarrow}B{\rightarrow}B\overline{A}{\rightarrow}\overline{A}{\rightarrow}\overline{A}\overline{B}{\rightarrow}\overline{B}$ のように，1相励磁と2相励磁を交互に繰り返す方式である．この励磁方式による駆動の特徴は，モータのステップ角が半分になることである．このため，モータの回転がスムーズになり振動が少なくなる．

6.1.3 構造と動作原理

図6.6は，ステップ角1.8°のハイブリッド型ステッピングモータの構造である．固定子は積層鋼板で作られ，磁極が八つある．それぞれの磁極に極性の逆な2組のコイルが巻いてある．それは，一つおきに一つの磁極がA相と$\overline{A}$相，B相と$\overline{B}$相という組合せになっている．また，一つの磁極には5個の小歯がある．

回転子には軸方向に磁化された永久磁石が組み込まれ，永久磁石の周りに歯車状の回転子歯の鉄心A，Bがある．鉄心AとBは，それぞれN極とS極に磁化され，AとBの回転子歯は，互いに半ピッチずらしてある．

1相励磁方式で，A相→B相→$\overline{A}$相→$\overline{B}$相の順にコイルを励磁したとき，図6.7のように，各磁極に生ずる磁界は45°ずつ右回転する．A相と$\overline{A}$相，B相と$\overline{B}$相は，互いに逆極性になる．

図6.8は，回転子鉄心A(N極)側から見た固定子，回転子の磁極(歯)の位置

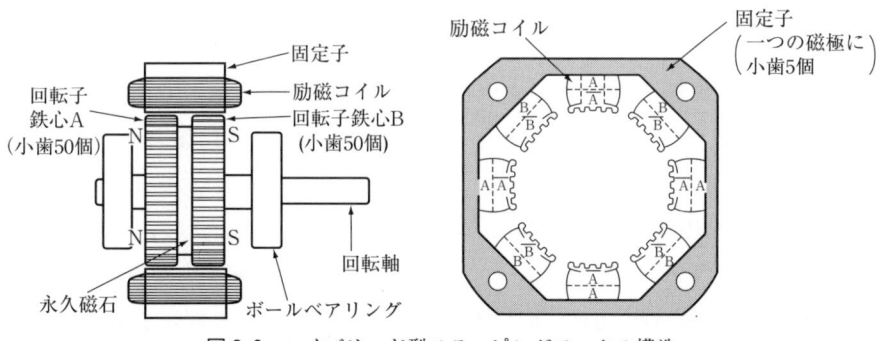

図6.6 ハイブリッド型ステッピングモータの構造

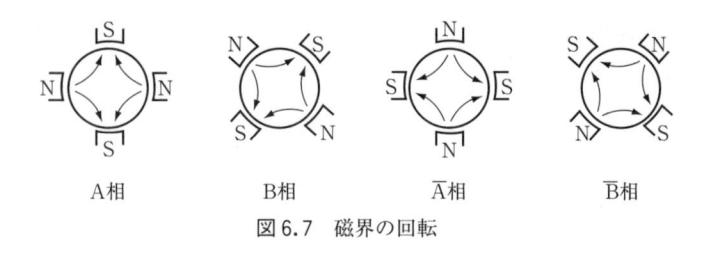

A相　　　　　B相　　　　　Ā相　　　　　B̄相

図6.7　磁界の回転

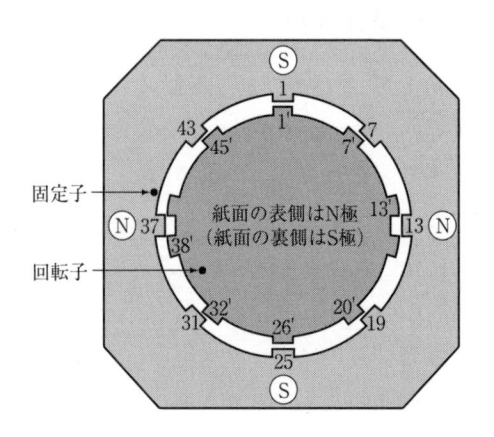

図6.8　固定子，回転子の磁極の歯の位置関係

固定子の Ⓝ，Ⓢ の表示は，
A相励磁の場合である

関係であり，A相励磁の状態である。固定子磁極の内周には48等分(7.5°)された歯(8個省略で40個)があり，回転子鉄心Aの外周には50等分(7.2°)された50個の歯がある。固定子歯1(S極)を中心とした磁極と回転子歯1'(N極)を中心とした部分が，N，Sの吸引力で向き合い，同様に，固定子歯25(S極)と回転子歯26'(N極)も向き合う。

次にB相が励磁されると，図6.9のように，固定子歯5，6，7，8，9はS極になり，回転子歯7'(N極)を中心とした部分が，N，Sの吸引力で回転子歯幅の1/2，すなわち1.8°時計方向に回転する。固定子歯7(S極)と回転子歯7'(N極)が向き合うように，1.8°だけ右方向へ回転する。

6.1 ハイブリッド型ステッピングモータ **161**

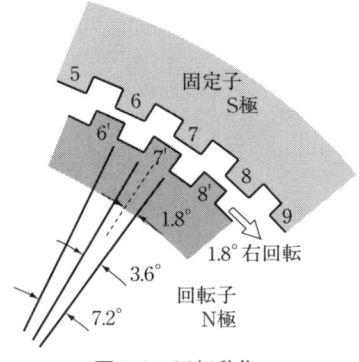

図 6.9 回転動作

$$回転子の歯幅角 = \left(\frac{360°}{50}\right) \times \frac{1}{2} = 3.6°$$

$$ステップ角 = \frac{3.6°}{2} = 1.8°$$

　同時に，固定子歯 31 (S極) を中心とした磁極により，回転子歯 32′ (N極) を中心とした部分は吸引され，時計方向へ 1.8° 回転する。このとき，固定子歯 19 を中心とした磁極は N 極となり，回転子歯 20′ を中心とした部分の N 極と反発し，1.8° 時計方向へ回る。同様の反発力が固定子歯 43 と回転子歯 45′ の周辺に働く。

　回転子鉄心 A の裏側に回転子鉄心 B (S極) があり，回転子鉄心 B の歯は半ピッチずれているので，やはり右回転のトルクが同時に働く。

6.1.4　ステッピングモータの特性

　図 6.10 は，ステッピングモータのパルス速度-トルク特性である。ステッピングモータは周波数 (パルス速度) に比例した回転速度が得られるモータであるが，そのモータの特性で決まる周波数以上では回転できなくなる。停止しているステッピングモータを回転させることができる，最大の周波数 (パルス速度) から低い周波数の範囲を**自起動領域**という。ステッピングモータを自起動領域内で駆動させる場合，必要とされる回転速度に対応するパルス信号を駆動回路に入れてやれ

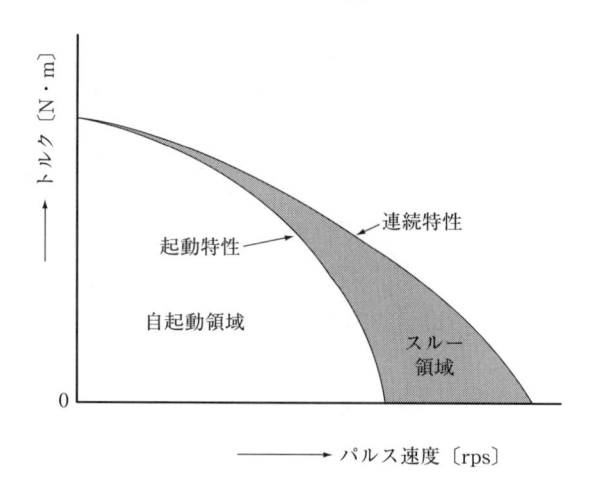

図6.10 パルス速度-トルク特性

ば，瞬時に起動，停止が行える．

　スルー領域とは，ステッピングモータを高速で駆動させる場合に，自起動領域で一度起動させ，その後パルス速度を徐々に上げても，連続して同期運転ができる領域である．スルー領域は，ステッピングモータの運転でもっとも効率のよい領域となる．

6.2　ステッピングモータ駆動一軸制御装置

　図 6.11 は，ステッピングモータ駆動一軸制御装置の構成と外観で，PC 制御用に市販品を改造したものである．

　図 6.12 に，ステッピングモータの駆動回路と入力回路の構成を示す．

　駆動回路で使用するステッピングモータ・コントローラ TA8415P は，正転・逆転，各種励磁モード(1 相，2 相，1-2 相)機能をもっている．また，このコントローラはユニポーラ駆動専用で，電源電圧 4.5 V〜5.5 V(最大 7 V)，出力電流 400 mA(最大)の駆動が可能である．なお，**ユニポーラ駆動**とは，駆動コイルに一方向のみの駆動電流を流す方式のことである．

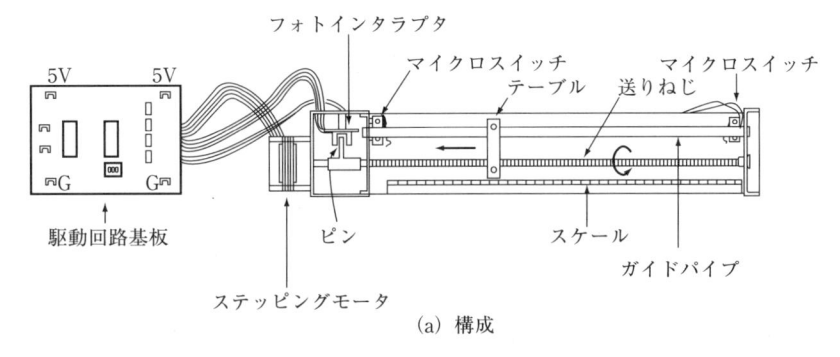

6.2 ステッピングモータ駆動一軸制御装置 **163**

(a) 構成

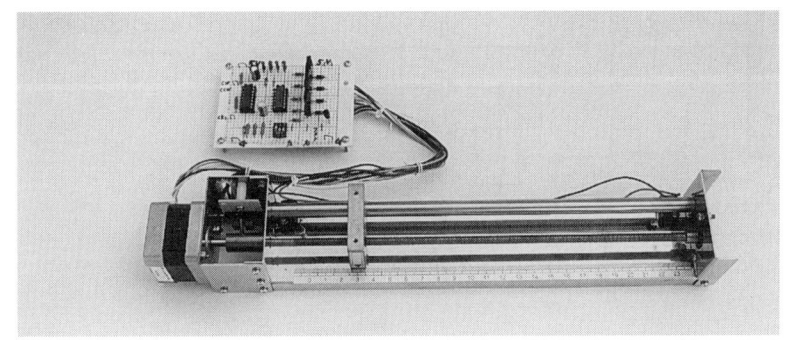

(b) 外観

図6.11 ステッピングモータ駆動一軸制御装置

図(a)の駆動回路において，TA8415Pの動作とステッピングモータの回転方向は表6.1の真理値表に従う。クロック端子ck_2は，+5Vに接続されているので常に"H"である。PCからの信号によってCW/CCW端子を"L"にしておき，クロック端子ck_1にクロック信号(パルス)を入れると，ステッピングモータはCW(時計方向)に回転する。CW/CCW端子を"H"にすると，ステッピングモータの回転はCCW(反時計方向)に変わる。クロック周波数を大きくしていくと，ステッピングモータの回転速度は増大する。

2相ステッピングモータの励磁方式の指定は，表6.2の真理値表に従う。使用するステッピングモータは2相ステッピングモータであるので，3/4端子は常に"L"にしておく。

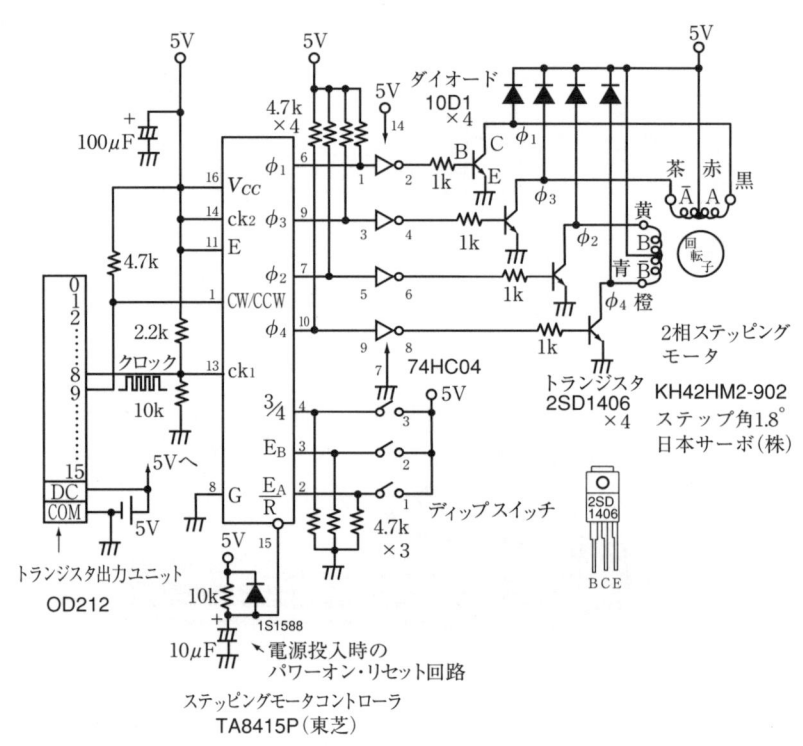

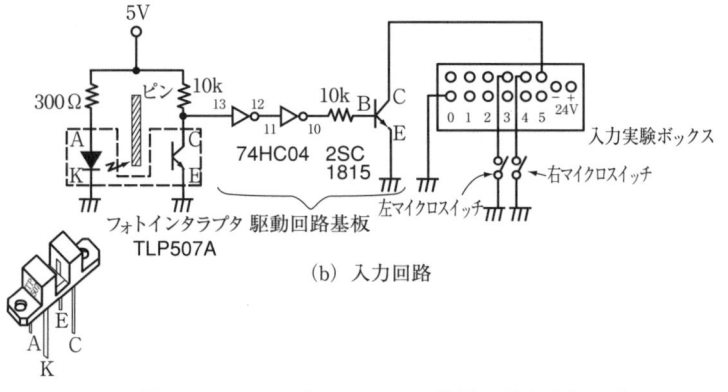

164 6 ステッピングモータとDCモータの制御

図6.12 ステッピングモータの駆動回路と入力回路
(a) 駆動回路
(b) 入力回路

表 6.1　クロック端子および CW/CCW 端子の真理値表

ck_1	ck_2	CW/CCW	機能
⤴	H	L	CW
⤴	H	H	CCW

表 6.2　励磁方式指定の真理値表

E_A	E_B	3/4	機能
L	L	L	1 相励磁
H	L	L	2 相励磁
L	H	L	1-2 相励磁

　図(a)の駆動回路において，励磁方式指定の端子 3/4, E_A, E_B には，プルダウン抵抗 4.7 kΩ がそれぞれ接続されている。したがって，図のようにディップスイッチ 1, 2, 3 が OFF の状態では，3/4, E_A, E_B 端子は "L" になっている。このとき，表 6.2 からステッピングモータは 1 相励磁駆動になる。E_A を "H"，すなわちディップスイッチ 1 を ON にすると，2 相励磁駆動となり，ディップスイッチ 1 を OFF，ディップスイッチ 2 を ON にすると，1-2 相励磁駆動にすることができる。

　図(b)は入力回路で，フォトインタラプタ回路とピンによるパルス発生器と，左右にマイクロスイッチがある。ステッピングモータの回転軸が 1 回転すると，同じ回転軸に取り付けたピンがフォトインタラプタの溝（光軸）を 1 回通過するので，フォトインタラプタ回路は 1 個のパルスを発生する。このパルスを入力実験ボックスの入力とし，ステッピングモータ駆動一軸制御装置の位置決めに利用する。左右のマイクロスイッチは，リミットスイッチとして動作する。

6.3　PC システムの設定

　本章のステッピングモータと DC モータの制御のように，CQM1　CPU 11/21 でパルス出力（指定接点）を利用する場合，プログラムを実行する前に，プログラ

ムモードで次のように PC システムを設定しておく。

(1) パルス出力チャネル番号の設定（DM 6615）

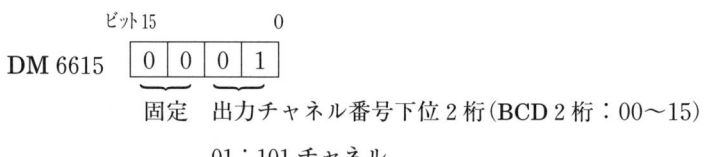

```
         ビット15        0
DM 6615 | 0 | 0 | 0 | 1 |
          固定  出力チャネル番号下位2桁（BCD 2桁：00〜15）
              01：101 チャネル
              02：102 チャネル
```

本書では，101 チャネルでパルス出力を利用するので，DM 6615 は 0001 に設定する。

■プログラムモード

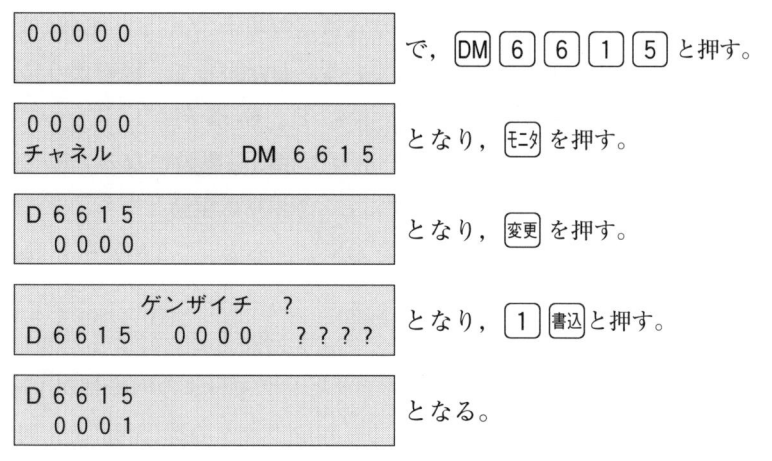

```
00000
```
で，[DM][6][6][1][5] と押す。

```
00000
チャネル        DM 6 6 1 5
```
となり，[モニタ] を押す。

```
D 6 6 1 5
   0 0 0 0
```
となり，[変更] を押す。

```
         ゲンザイチ   ？
D 6 6 1 5    0 0 0 0    ？？？？
```
となり，[1][書込] と押す。

```
D 6 6 1 5
   0 0 0 1
```
となる。

(2) 出力リフレッシュ方式の設定（DM 6639）

CQM 1 CPU 11/21 では，出力リフレッシュ方式をダイレクト OUT リフレッシュ方式に設定する。

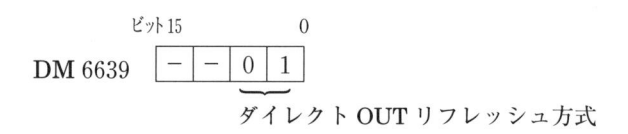

```
         ビット15        0
DM 6639 | − | − | 0 | 1 |
                  └─┬─┘
              ダイレクト OUT リフレッシュ方式
```

パルス出力番号の設定と同様に，DM 6639 は 0001 に設定する。

【重要】 この二つの設定は，プログラムの内容をクリアするたびに設定しなおす必要がある。

6.4 テーブルの右移動と左移動

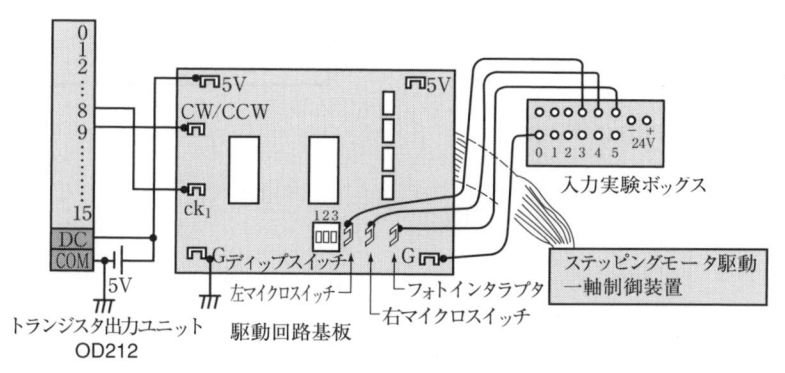

　図 6.13 は，ステッピングモータ駆動一軸制御装置の制御実験であり，一軸制御装置を使ったすべての実験をこの接続で行う。励磁方式を指定するディップスイッチは，すべて OFF の 1 相励磁方式か，1 番だけ ON の 2 相励磁方式とする。

　図 6.14 は，一軸制御装置によるテーブルの右移動と左移動である。

■回路の動作

① 押しボタンスイッチ 00000 ON により，出力リレー 10109 は ON になり，10109 は自己保持される。

② トランジスタ出力ユニットの端子 9 と CW/CCW 端子は"L"となり，表 6.1 に従い，ステッピングモータの回転方向を CW(時計方向)に設定する。

③ ステッピングモータ始動押しボタンスイッチ 00002 ON により，周波数設定とポート指定がなされ，連続モードで周波数 400 Hz のパルスが出力される。

④ ステッピングモータは右回転をし，一軸制御装置のテーブルは右へ移動する。

図 6.13　ステッピングモータ駆動一軸制御装置の制御実験

168 6 ステッピングモータとDCモータの制御

```
  ┌─┤├──┤/├──────(  )──   ← 101チャネルのトランジスタ
  │ 00000 00001   10109      出力ユニットのリレー09を
  │                          10109で表す
  │ ┌─┤├──
  │ │ 10109
  ├─┘
  │ 00002      ┌SPED(64)┐        周波数設定
  ├─┤├────────┤  080   │        ← ポート指定
始動押し        │  001   │        ← □□0
ボタンスイッチ  │ #0040  │                出力接点の位置。この実験では08
  │            └────────┘                トランジスタ出力ユニットOD212の08
  │ 00003     ┌SPED(64)┐                端子からクロックパルスを取り出している
停止押し ─┤├──┤  080   │
ボタンスイッチ  │  001   │        ─ 001：連続モード
             │ #0000  │        ─ 000：単独モード
             └────────┘
                          ── パルス周波数(BCD4桁)。単位10Hz
                             #0040は400Hz
                          ── #0000でパルス出力の停止

  00003     ┌ INI(61)┐── パルス出力の停止   INI(動作モードコントロール)
──┤├───────┤  000  │── 接点パルス出力
           │  003  │── パルス出力停止
           │  000  │── 固定
           └───────┘
                ↑ この命令によってもパルス出力の停止ができる
```

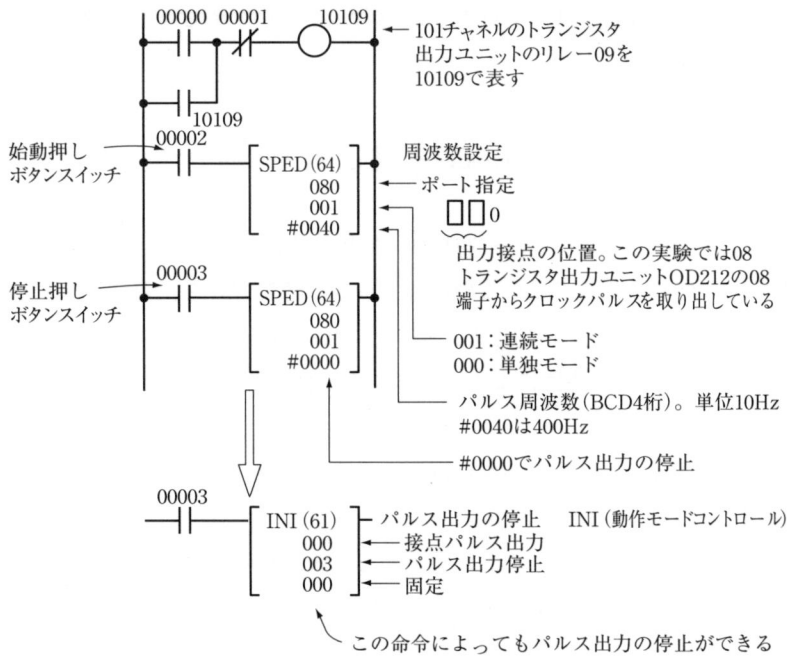

図 6.14 テーブルの右移動と左移動

プログラム 6.1　図 6.14 のプログラム

アドレス	命　令	データ
00000	LD	00000
1	OR	10109
2	AND・NOT	00001
3	OUT	10109
4	LD	00002
5	SPED (64)	
		080
		001
		#0040
6	LD	00003
7	SPED (64)	
		080
		001
		#0000
8	END (01)	

表 6.3　テーブルの移動速度の実測値

パルス周波数〔Hz〕	テーブルの移動速度〔mm/min〕
400	122
200	61

⑤ 押しボタンスイッチ00001をONにすると, 出力リレー10109はOFFとなり, 4.7 kΩのプルアップ抵抗によって, CW/CCW端子は"H"になる。
⑥ すると, ステッピングモータは左回転をし, テーブルは左へ移動する。
⑦ 停止押しボタンスイッチ00003 ONにより, ステッピングモータは停止する。
⑧ 表6.3にパルス周波数に対するテーブルの移動速度の実測値を示す。

6.5 マイクロ(リミット)スイッチを利用したテーブルの往復移動

図6.15は, マイクロスイッチを利用したテーブルの往復移動である。テーブルは, 一軸制御装置の両端に設置されているマイクロスイッチ間を繰り返し移動する。

■回路の動作
① 押しボタンスイッチ00000 ONにより, 出力リレー10109はONになり, 10109は自己保持される。
② トランジスタ出力ユニットの端子9とCW/CCW端子は"L"となり, 表6.1に従い, ステッピングモータの回転方向をCW(時計方向)に設定する。

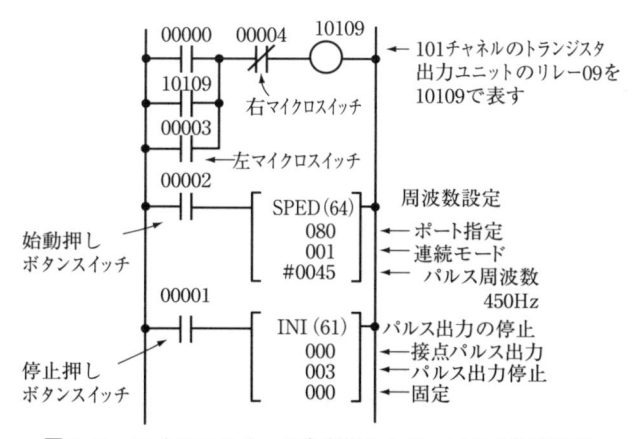

図6.15 マイクロスイッチを利用したテーブルの往復移動

170　6　ステッピングモータと DC モータの制御

プログラム 6.2　図 6.15 のプログラム

アドレス	命　令	データ
00000	LD	00000
1	OR	10109
2	OR	00003
3	AND・NOT	00004
4	OUT	10109
5	LD	00002
6	SPED (64)	
		080
		001
		＃0045
7	LD	00001
8	INI (61)	
		000
		003
		000
9	END (01)	

③　ステッピングモータ始動押しボタンスイッチ 00002 ON により，周波数設定とポート指定がなされ，連続モードで周波数 450 Hz のパルスが出力される．

④　ステッピングモータは右回転をし，一軸制御装置のテーブルは右へ移動する．

⑤　テーブルが右端まで移動すると，右マイクロスイッチ 00004 は ON になり，出力リレー 10109 は OFF になる．

⑥　このため，4.7 kΩ のプルアップ抵抗によって，CW/CCW 端子は"H"になる．

⑦　すると，ステッピングモータは左回転をし，テーブルは左へ移動する．

⑧　テーブルが左端まで移動すると，左マイクロスイッチ 00003 は ON になり，出力リレー 10109 は再び ON になり，自己保持される．

⑨　②へ戻り，上記の動作が繰り返される．

⑩　停止押しボタンスイッチ 00001 ON により，ステッピングモータは停止する．

6.6 原点復帰と定位置自動移動

■原点復帰の動作

図 6.16 において，一軸制御装置の原点復帰の動作を述べよう。

① 図(a)のように，送りねじを左回転させ，左マイクロスイッチが ON になるまでテーブルを左移動させる。

② 左マイクロスイッチが ON になったら，一時停止後，図(b)のようにステッピングモータを右回転させ，左マイクロスイッチが OFF になるまでテーブルを右へ移動させる。

③ 左マイクロスイッチが OFF 後，図(c)のように，最初にピンがフォトイ

(a)左移動

(b)右移動

(c)原点

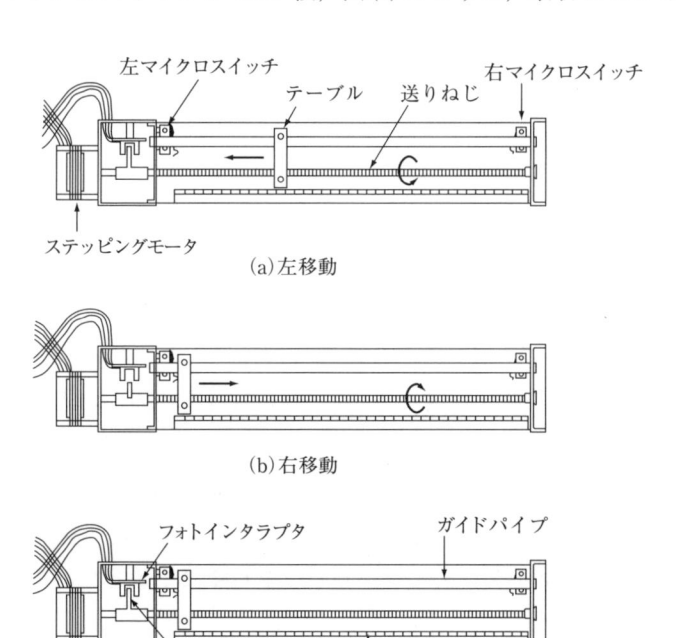

図 6.16　原点復帰の原理

ンタラプタを通過するところで,テーブルの移動を停止させる。この位置を原点とする。

■定位置自動移動

定位置自動移動とは,テーブルをスケールの決められた位置に,自動的に移動させることである。

ステップ角 1.8° のステッピングモータを使用しているので,1 相励磁および 2 相励磁方式の場合,一つのパルスで 1.8° 回転する。送りねじが 1 回転(360°)するのに必要なパルス数は,360°/1.8° = 200 となる。この 200 パルスでテーブルは 1 mm 移動するので,テーブルを x [mm] 移動させるのに必要なパルス数 N は,$N = 200x$ で計算できる。なお,1-2 相励磁方式では,ステップ角が 1/2 になるので,$N = 400x$ となる。

図 6.17 は,一軸制御装置の原点復帰と定位置自動移動である。始動押しボタンスイッチの ON により,テーブルを原点復帰させ,3 秒間停止,その後テーブルは 100 mm 右へ移動して止まる。

■回路の動作

① 1 相励磁および 2 相励磁方式の場合,テーブルを $x = 100$ mm 移動させるのに必要なパルス数 N は,$N = 200x$ で計算し,$N = 200 \times 100 = 20000$ となる。

② 6.3 節で述べたデータメモリの設定と同様に,データメモリ DM 0101 に 0002,DM 0100 に 0000 を設定する。これは,DM 0101 と DM 0100 を使用し,20000 パルスを格納している。

③ 始動押しボタンスイッチ 00002 ON により,原点復帰の周波数設定がなされ,パルス周波数 400 Hz に応じた速度で,テーブルは左へ移動する。

④ テーブルが左マイクロスイッチ 00003 を ON にすると,パルス出力は停止する。

⑤ 同時に,内部補助リレー 01601 は ON となり,01601 は自己保持される。自己保持の時間は,タイマ TIM 001 によって 2.5 秒である。

⑥ 00003 が ON になってから 1 秒後に,タイマ TIM 002 の a 接点は ON と

6.6 原点復帰と定位置自動移動　**173**

```
右移動押しボタンスイッチ
 ┌─左移動押しボタンスイッチ
00000  00001    10109
 ├──┤├──┤/├────( )────  ←101チャネルのトランジスタ
 │                          出力ユニットのリレー09
10109                       を10109で表す
 ├──┤├──┘
         TIM002
始動押しボタン 00002
スイッチ ─├──┤├──┤/├──[@ SPED(64)]  原点復帰の周波数設定
                       080   ←ポート指定
         TIM002        001   ←連続モード
         ─┤├─          #0040 ←パルス周波数400Hz

停止押しボタン 00001
スイッチ ─├──┤├──[@ INI(61)]  パルス出力の停止
左マイクロスイッチ─00003 01601   000
         ─┤├──┤├──       003
         01601  00003     000
         ─┤├──┤/├──
フォトインタラプタ
00005  00003  TIM001    01601
 ├──┤├──┤├──┤/├──────( )──┐
 │                           │ 原点復帰
01601                        │
 ├──┤├──┘                    │
                    TIM001   │
                    #0025    │
                    ( )──────┤
                    TIM002   │
                    #0010    │
                    ( )──────┘
TIM001  TIM003          01602
 ├──┤├──┤/├─────────( )──┐
 │                        │
01602                     │ 定位置自動移動
 ├──┤├──┘                 │
                  TIM003  │
                  #0030   │
                  ( )─────┤
TIM003                    │
 ├──┤├──[@ PULS(65)]       │  パルス量の設定
         000  ←000：接点出力│
         000  ←000：CW側（パルス量設定あり）
         DM0100 ←パルス量設定先頭チャネル番号P
                パルス量は，P，P+1チャネルにBCD8桁で
                次のように格納する
         [@ SPED(64)]
          080         上位4桁　下位4桁
          000          P+1      P
          #0045       ここでは
                     DM0101  DM0100
定位置自動移動の     |0|0|0|2|  |0|0|0|0|  →20000パルス
周波数設定                                    を格納
パルス周波数450Hz
```

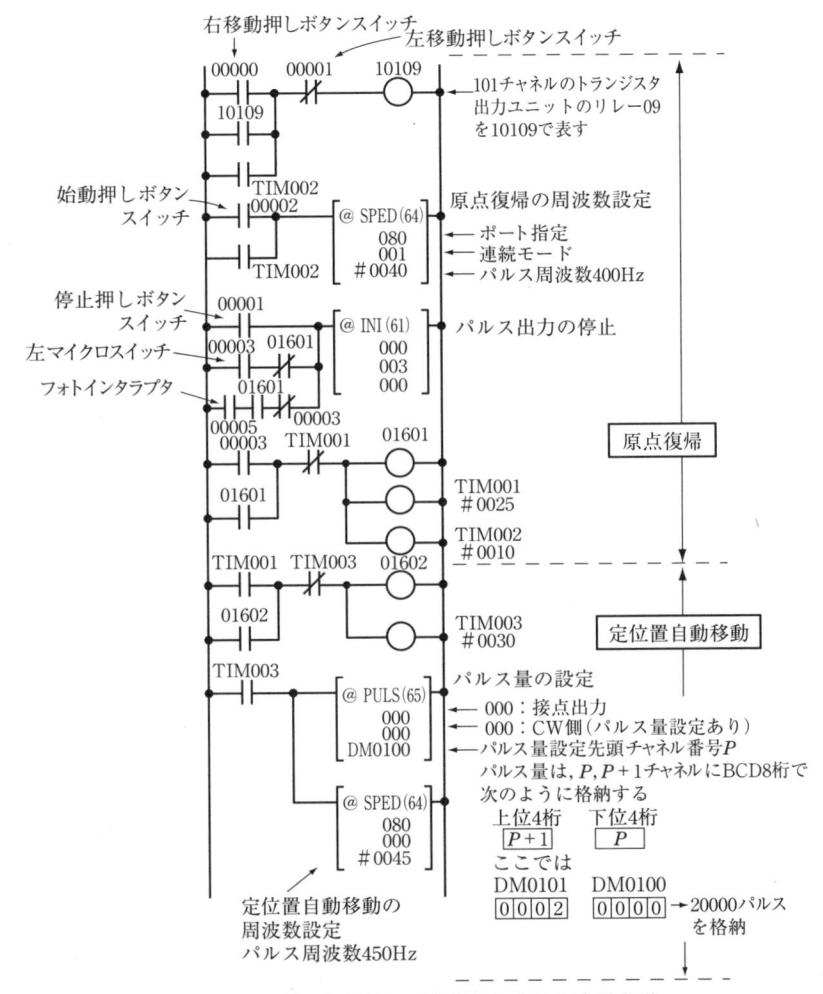

図 6.17　一軸制御装置の原点復帰と定位置自動移動

なり，出力リレー 10109 は ON になる。同時に再度，原点復帰の周波数設定がなされる。

⑦　テーブルは右移動を始め，左マイクロスイッチ 00003 は ON から OFF に戻る。その後，ピンが最初にフォトインタラプタを通過すると，00005 が ON で内部補助リレー 01601 の a 接点も ON なので，パルス出力の停止となる。

プログラム6.3　図6.17のプログラム

アドレス	命令	データ
00000	LD	00000
1	OR	10109
2	OR	TIM 002
3	AND・NOT	00001
4	OUT	10109
5	LD	00002
6	OR	TIM 002
7	@SPED (64)	
	[FUN][6][4][NOT]	080
		001
		#0040
8	LD	00001
9	LD	00003
10	AND・NOT	01601
11	OR・LD	
12	LD	00005
13	AND	01601
14	AND・NOT	00003
15	OR・LD	
16	@INI (61)	
	[FUN][6][1][NOT]	000
		003
		000
17	LD	00003
18	OR	01601
19	AND・NOT	TIM 001
20	OUT	01601
21	TIM	001
		#0025
22	TIM	002
		#0010
23	LD	TIM 001
24	OR	01602
25	AND・NOT	TIM 003
26	OUT	01602
27	TIM	003
		#0030
28	LD	TIM 003
29	@PULS (65)	
	[FUN][6][5][NOT]	000
		000
		DM 0100
30	@SPED (64)	
	[FUN][6][4][NOT]	080
		000
		#0045
31	END (01)	

⑧　テーブルの動きは止まり，その位置はスケールの0を指す．この位置が原点であり，あらかじめスケールの0で停止するように調整しておく．

⑨　テーブルの停止時間は約3.8秒である．

⑩　左マイクロスイッチ00003がONになってから5.5秒後に，TIM 003のa接点はONになる．すると，パルス量の設定と定位置自動移動の周波数設定がなされる．この5.5秒は，タイマTIM 001の2.5秒とタイマTIM 003の3秒の和である．

⑪　データメモリDM 0101とDM 0100に格納してある20000パルスが，パルス周波数450 Hzで出力される．

⑫　ステッピングモータは20000パルス分だけ回転し，テーブルは右へ100 mm移動して停止する．

⑬ 左移動の押しボタンスイッチ00001をONにし，再度，始動押しボタンスイッチ00002をONにすると，上記の動作を繰り返すことができる。
⑭ テーブルが左移動しているとき，急に右移動させるには，右移動押しボタンスイッチ00000をONにする。
⑮ 励磁方式を決めるディップスイッチを2番だけONにする。すると，1-2相励磁方式になり，ステップ角は1/2の0.9°になる。
⑯ 同じプログラムで原点復帰と定位置自動移動をさせると，テーブルは50 mmの位置で止まる。

6.7 DCモータ

6.7.1 DCモータの構造と動作原理

図6.18は，出力が3W程度の小形DCモータの構造である。回転子は，薄い鋼板を多層に積み重ねた鉄心に，三つのコイルが巻いてある。このコイルに電流を流すために，3枚の整流子片が回転軸に取り付けてある。固定子には永久磁石のN極，S極が使用される。

図6.19に示すように，電源の＋電極から流れ出た電流は，ブラシから整流子片を通り，コイルの中を流れ，コイルが巻かれていく鉄心をN極やS極に磁化し，他の整流子片からもう一方のブラシを通して－電極へ戻る。すると，固定子

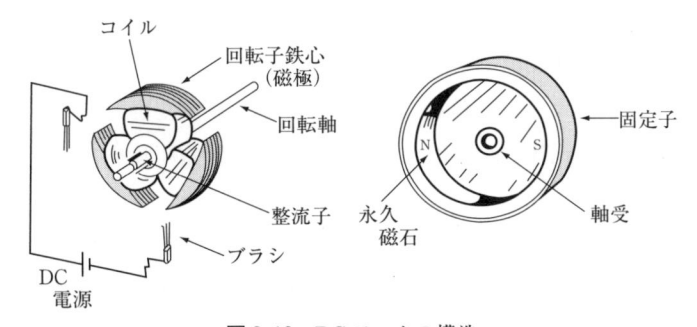

図6.18　DCモータの構造

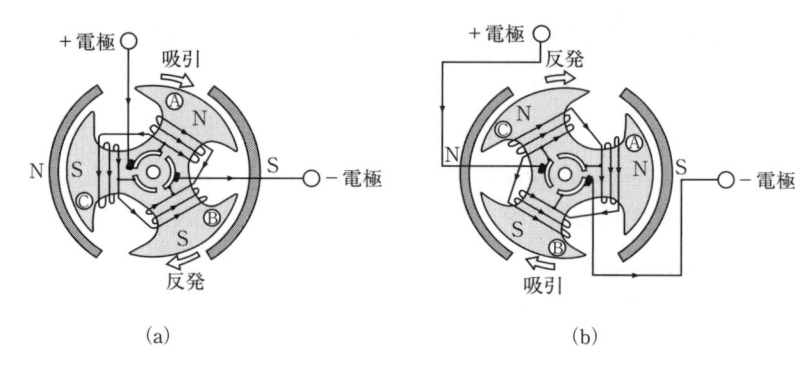

図6.19 DCモータの回転原理

のN極, S極と回転子の磁極との間で吸引・反発力が生じ, モータは回転する。

回転子のコイルに電流が流れると, 図6.19(a)で, 磁極ⒶはN極, ⒷとⒸはS極になる。すると, 固定子のS極とⒶは吸引し, Ⓑは反発する力が働く。この力は固定子のN極とⒸとの間に働く吸引力よりも大きいので, 回転子は右方向へ60°回転する。すると, 図(b)のようになり, 固定子のN極側で同様な力が生じ, 回転子は右回転を続ける。

6.7.2 DCモータの特徴と特性

小形DCモータの長所, 短所は次のようになる。

【長所】
① 電池・バッテリー電源などで駆動できるため, 使いやすい。
② DCモータの特性は, 回転速度N, 電流I, トルクTの関係が直線的に推移するので, 速度制御が容易である。
③ 起動トルクが大きく, 起動, 停止, 正逆転, 制動が容易にできる。
④ 誘導モータと比較し, 高出力で効率も良く, 低電圧仕様である。

【短所】
① ブラシの摩耗がDCモータの寿命につながる。ブラシの摩耗は, ブラシと整流子との機械的接触によるものと, 整流の際の火花に起因する電気的摩耗があり, 後者の摩耗が大半を占めている。

② 速度制御がしやすい反面，速度制御がない場合，負荷の変動に対する回転速度の変動が大きい。
③ ブラシ，整流子から電気ノイズが発生する。

図 6.20 は DC モータの特性で，N-I 特性，N-T 特性，I-T 特性を示す。ここで N：回転速度，I：電流，T：トルクである。

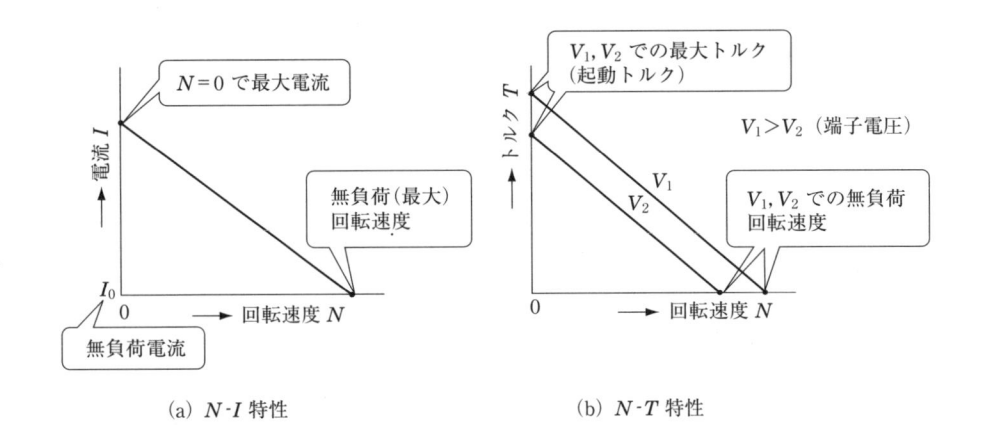

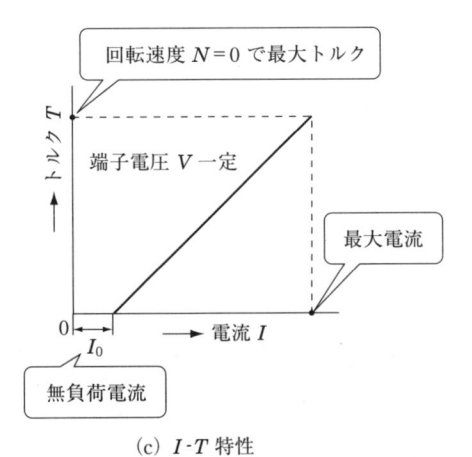

(a) N-I 特性

(b) N-T 特性

(c) I-T 特性

図 6.20 DC モータの特性

6.8 正転・逆転・ブレーキ回路によるDCモータの制御

6.8.1 DCモータの正転・ブレーキ・逆転制御

小形DCモータの駆動には，図6.21に示す専用IC M54544L(三菱)を使う。このICの推奨動作条件は，電源電圧4〜15V，出力電流最大±300mAである。

図6.21のように回路を組むと，表6.4の真理値表に従い，DCモータは正逆転，停止，ブレーキ動作をする。図のように，入力IN_1，IN_2がオープンの状態では，二つプルアップ抵抗10kΩによって，IN_1，IN_2は"1"，"1"になっている。したがって，表6.7の真理値表から，DCモータはブレーキの動作になる。

図6.22(a)は，トランジスタ出力ユニットOD 212と，DCモータ駆動基板お

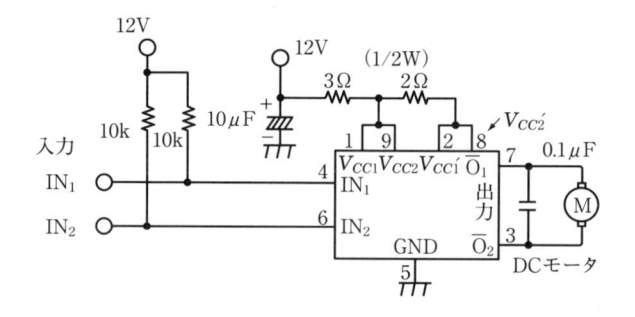

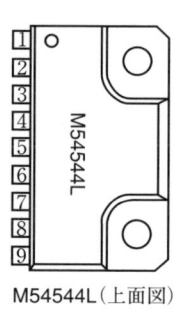

図6.21 DCモータ駆動回路

表6.4 ドライブICの真理値表

入力		出力		モータ
IN_1	IN_2	$\overline{O}_1$	$\overline{O}_2$	の回転
1	0	1	0	正転
0	1	0	1	逆転
0	0	OFF	OFF	停止
1	1	0	0	ブレーキ

6.8 正転・逆転・ブレーキ回路による DC モータの制御　**179**

よび DC モータとの接続である．トランジスタ出力ユニットの端子 8，端子 9 と DC モータ駆動基板の入力 IN_1，IN_2 をそれぞれ接続する．図 (b) は，実験装置の

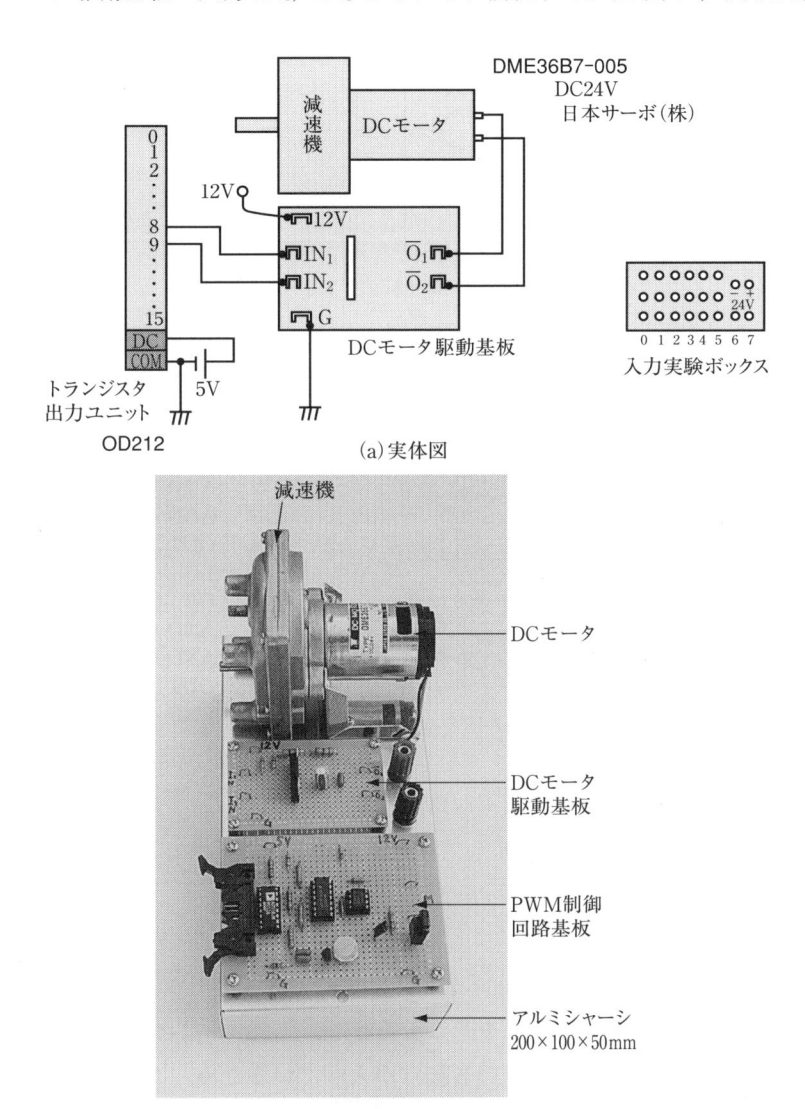

(a) 実体図

(b) 実験装置の外観

図 6.22　トランジスタ出力ユニットと，DC モータ駆動基板および DC モータとの接続

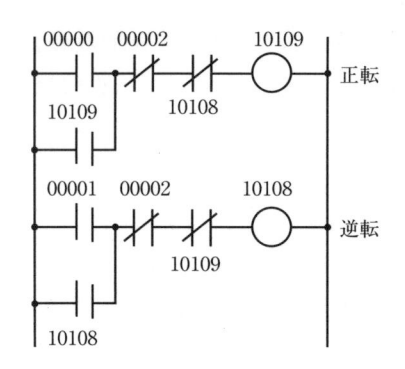

図 6.23 DC モータの正転・ブレーキ・逆転制御

押しボタンスイッチ
00000 ON で正転
00002 ON でブレーキ
00001 ON で逆転

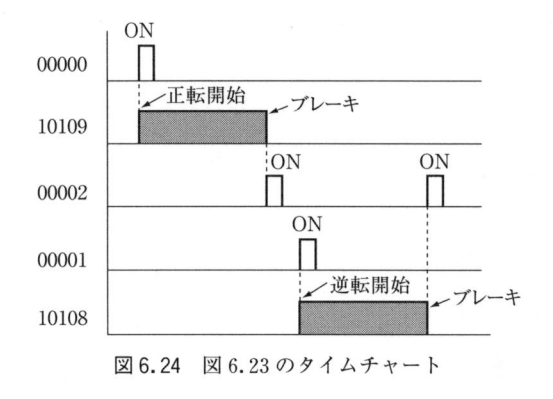

図 6.24 図 6.23 のタイムチャート

プログラム 6.4 図 6.23 のプログラム

アドレス	命　令	データ
00000	LD	00000
1	OR	10109
2	AND・NOT	00002
3	AND・NOT	10108
4	OUT	10109
5	LD	00001
6	OR	10108
7	AND・NOT	00002
8	AND・NOT	10109
9	OUT	10108
10	END (01)	

外観であり，後述する PWM 制御回路基板も搭載している。

図 6.23 は，DC モータの正転・ブレーキ・逆転制御であり，そのタイムチャートを図 6.24 に示す。

■回路の動作

① 押しボタンスイッチ 00000 を ON にすると，出力リレー 10109 は ON になり，自己の a 接点 10109 を閉じることにより 10109 は自己保持される。このとき，逆転回路に 10109 の b 接点が入っているため，この b 接点は開き，逆転回路を不動作にする。

② 10109 が ON になると，+12 V からプルアップ抵抗 10 kΩ を通して端子 9

6.8 正転・逆転・ブレーキ回路によるDCモータの制御

に電流が流れる。その結果，端子9，すなわちIN_2は"0"になる。このとき，IN_1は"1"，IN_2は"0"なので，DCモータは正転する。

③ 押しボタンスイッチ00002をONにすると，出力リレー10109の自己保持は解除され，端子9はオープン状態になる。IN_1，IN_2ともにプルアップ抵抗10 kΩによって"1"になっているので，DCモータにブレーキがかかる。

④ 押しボタンスイッチ00001をONにすると，①，②と同様にしてIN_1は"0"，IN_2は"1"となり，DCモータは逆転する。

⑤ 00002 ONでブレーキがかかる。

6.8.2 DCモータの寸動運転

図6.25はDCモータの寸動運転で，装置の接続は図6.22と同じである。図6.26にタイムチャートを示す。

■回路の動作

① 正転押しボタンスイッチ00000を押すと，内部補助リレー01601は1スキ

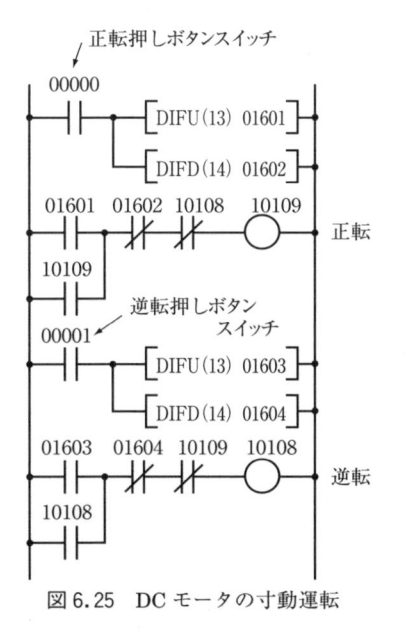

図6.25 DCモータの寸動運転

プログラム6.5 図6.25のプログラム

アドレス	命令	データ
00000	LD	00000
1	DIFU (13)	01601
2	DIFD (14)	01602
3	LD	01601
4	OR	10109
5	AND・NOT	01602
6	AND・NOT	10108
7	OUT	10109
8	LD	00001
9	DIFU (13)	01603
10	DIFD (14)	01604
11	LD	01603
12	OR	10108
13	AND・NOT	01604
14	AND・NOT	10109
15	OUT	10108
16	END (01)	

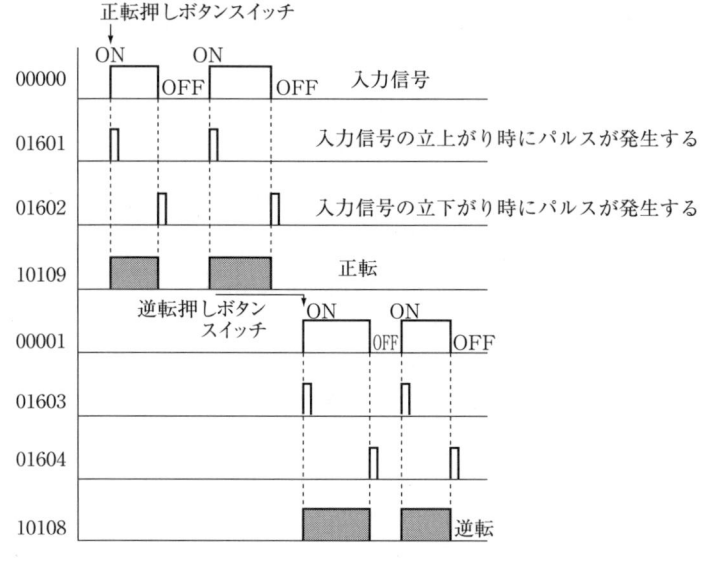

図 6.26　図 6.25 のタイムチャート

ャン ON になる。これは，入力信号の立上がり時にパルスが発生することを意味する。

② すると，出力リレー 10109 は ON となり，自己保持される。DC モータは正転する。

③ 正転押しボタンスイッチ 00000 を押した手を離すと，内部補助リレー 01602 は 1 スキャン ON になる。これは，入力信号の立下がり時にパルスが発生することを意味する。

④ すると，01602 の b 接点が開くので，10109 は自己保持を解除する。DC モータは停止する。

⑤ 逆転の動作も同様である。

6.9　PWM制御回路によるDCモータの速度制御

図 6.27 は，PWM 制御回路による DC モータの速度制御である。PWM 制御の

6.9 PWM制御回路によるDCモータの速度制御

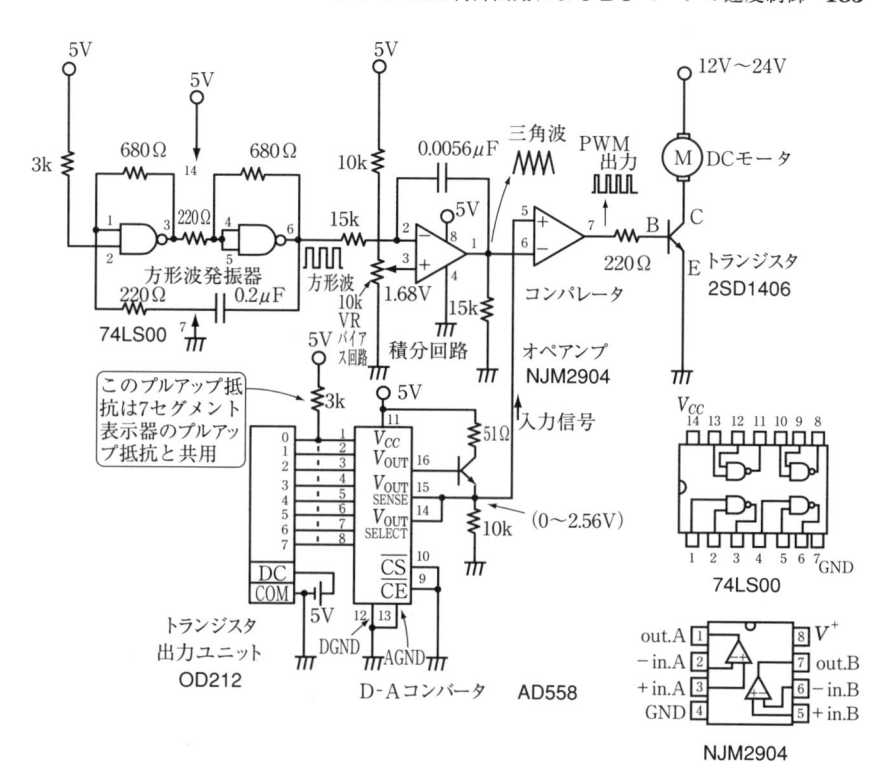

図6.27 PWM制御回路によるDCモータの速度制御

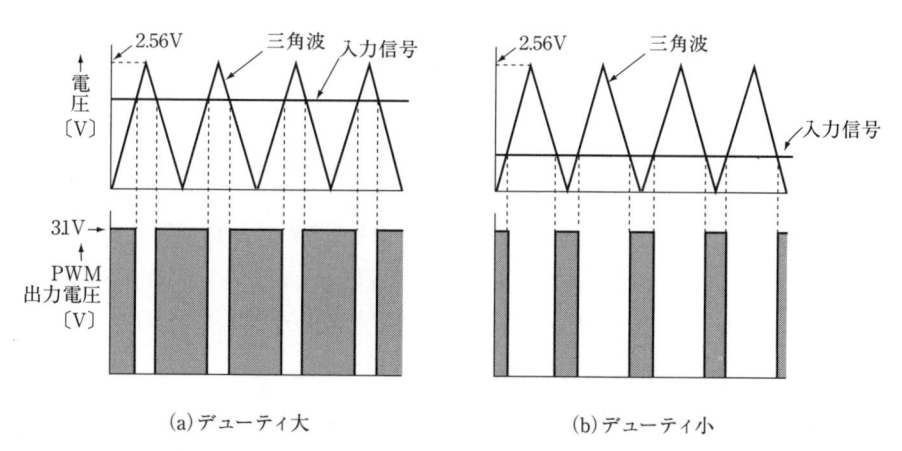

(a) デューティ大　(b) デューティ小

図6.28 PWM制御の波形

波形を図 6.28 に示す。PWM（Pulse Width Modulation；パルス幅変調）回路は，三角波（のこぎり波）と入力信号波をコンパレータで比較し，PWM 出力電圧のデューティ（パルス幅の H と L の比）を変化させる回路のことである。

図 6.28 のように，同一の三角波に対し，入力信号が大きいとデューティは大きくなり，入力信号が小さいとデューティは小さくなる。このようにデューティが変化すると，トランジスタの ON/OFF 比が変化し，DC モータへの供給電力が変化するので，DC モータの速度制御ができる。

PWM 制御法は，デューティ制御法となっているので，OFF 時間の電力損失はなく，ON 時間でも制御素子が飽和しているので，電力損失が著しく軽減され経済的である。

図 6.27 における実測では，方形波発振器で約 2.57 kHz の方形波を作り，これを積分回路によって三角波に変換している。三角波は，0 V から 2.56 V までの振幅とさせるため，積分回路の入力段にあるバイアス回路で，バイアス電圧を約 1.68 V に調整する。この調整には，オシロスコープによる三角波の波形観測が必要となる。

コンパレータの入力信号は，D-A コンバータ AD 558 の出力電圧である。D-A コンバータの働きは，トランジスタ出力ユニット OD 212 からのディジタル信号を，そのディジタル値に応じたアナログ信号（電圧）に変換している。AD 558 は，5 V 単一電源で使用でき，この場合，0〜2.56 V（10 mV/1 LSB）出力となる。このため，三角波の最大電圧を 2.56 V にしている。

6.9.1　DC モータの 3 段階速度制御

図 6.29 は，トランジスタ出力ユニット OD 212 と PWM 制御回路基板の接続であるが，トランジスタ出力ユニットは，図 1.6 に示したように 7 セグメント表示器に接続しているため，7 セグメント表示器に設置したコネクタから，フラットケーブルによって PWM 制御回路基板につないでいる。

図 6.30 は，トランジスタ出力ユニットの回路構成と負荷（図 1.6 のプルアップ抵抗 3 kΩ）の接続である。内部回路の出力が "1" のとき，電源 5 V から負荷を通

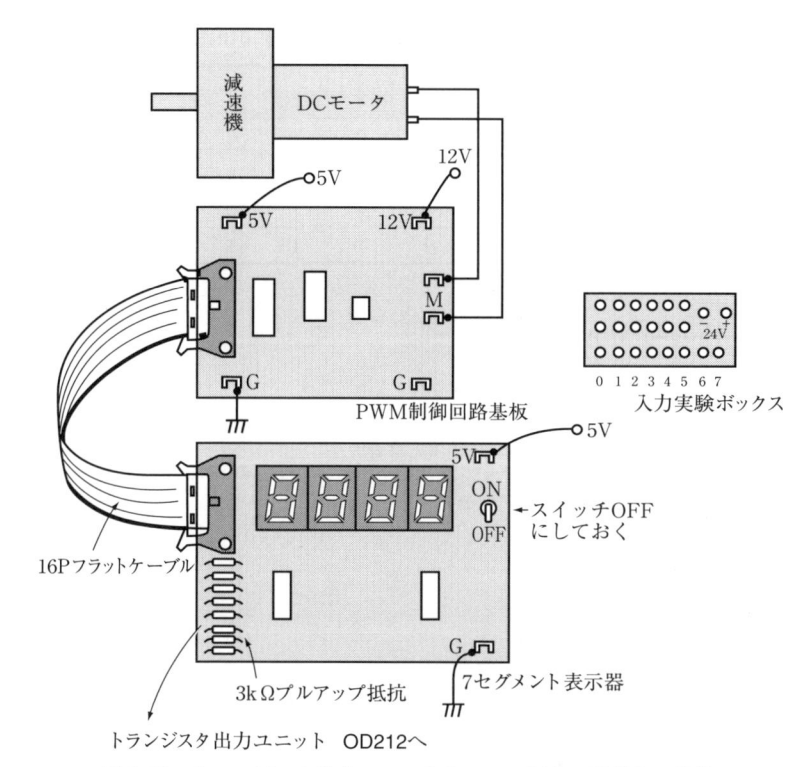

6.9 PWM 制御回路による DC モータの速度制御 **185**

図 6.29 トランジスタ出力ユニットと PWM 制御回路基板の接続

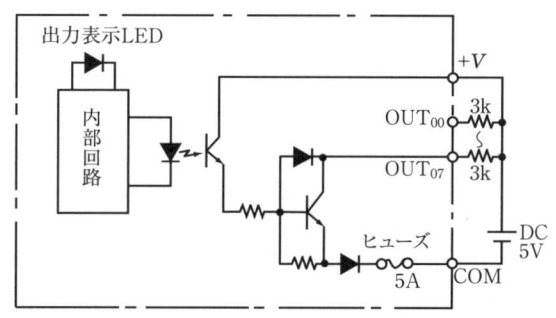

図 6.30 トランジスタ出力ユニットの回路構成と負荷 (3 kΩ) の接続

して回路に電流が流れるため，外部出力 OUT は "0" になる。このように，内部回路の出力と外部出力 OUT は 1/0 が反転するため，COM (ビット反転) 命令が

表6.5 D-A コンバータの入力データに対する出力電圧

出力電圧〔V〕	128	64	32	16	8	4	2	1	16進数	10進数
1.3	1	0	0	0	0	0	1	0	82	130
1.7	1	0	1	0	1	0	1	0	A A	170
2.1	1	1	0	1	0	0	1	0	D 2	210
2.55	1	1	1	1	1	1	1	1	F F	255

```
00000
 ─┤├───[ MOV(21)    ]── MOV(転送)命令
         #0000        ←― 転送データ          ┐
         101          ←― 転送先チャネル番号  ┘ 停止

        [ COM(29)    ]── COM(ビット反転)命令 →指定されたチャネル
         101          ←― チャネル番号          のデータ(16ビット)
                                                の1/0を反転する
00001
 ─┤├───[ MOV(21)    ]── 低速
         #0082
         101

        [ COM(29)    ]
         101

00002
 ─┤├───[ MOV(21)    ]── 中速
         #00AA
         101

        [ COM(29)    ]
         101

00003
 ─┤├───[ MOV(21)    ]── 高速
         #00D2
         101

        [ COM(29)    ]
         101
```

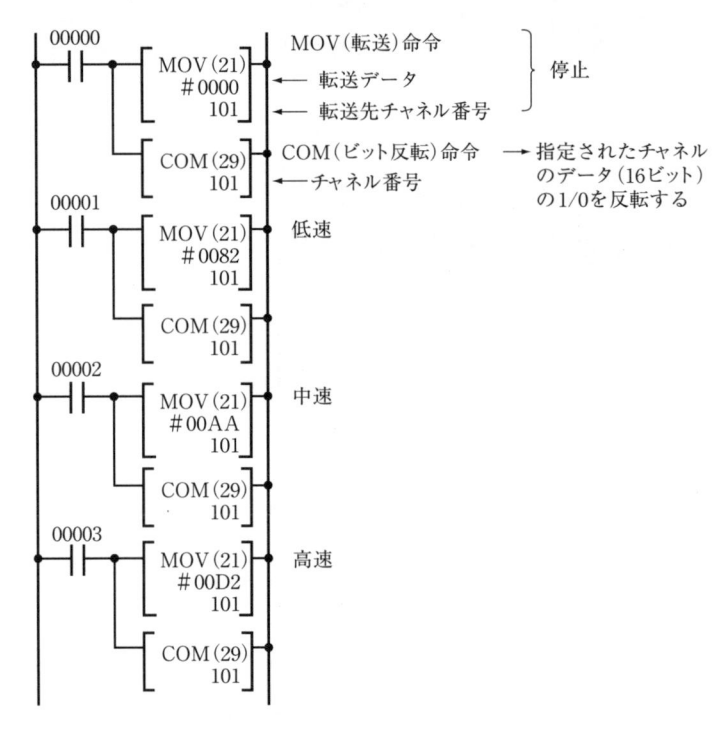

図6.31 DC モータの3段階速度制御

用いられる。

表6.5は，D-A コンバータの入力データに対する出力電圧を表している。

図6.31は，DC モータの3段階速度制御である。

■回路の動作

■① 図6.27のように，D-A コンバータのすべての入力端子は，3 kΩ のプル

6.9 PWM 制御回路による DC モータの速度制御　*187*

プログラム 6.6　図 6.31 のプログラム

アドレス	命　令	データ
00000	LD	00000
1	MOV (21)	
		#0000
		101
2	COM (29)	
		101
3	LD	00001
4	MOV (21)	
		#0082
		101
5	COM (29)	
		101
6	LD	00002
7	MOV (21)	
		#00AA
		101
8	COM (29)	
		101
9	LD	00003
10	MOV (21)	
		#00D2
		101
11	COM (29)	
		101
12	END (01)	

アップ抵抗によってすべて"1"になっている。

② このため，プログラムを動かす前に DC モータは回転してしまう。これを防ぐには，プログラムを RUN させ，押しボタンスイッチ 00000 を ON にした後に，DC モータを基板に接続するとよい。

③ 押しボタンスイッチ 00001 を ON にすると，MOV(転送)命令によって 16 進数のデータ 82 H が 101 チャネルに転送される。表 6.5 により，この 82 H は，D-A コンバータの出力電圧，すなわちコンパレータの入力信号電圧を 1.3 V にする。DC モータは低速回転となる。

④ 押しボタンスイッチ 00002 を ON にすると，③と同様にして，コンパレータの入力電圧は 1.7 V になる。DC モータは中速回転となる。

⑤ 押しボタンスイッチ00003をONにすると、コンパレータの入力電圧は2.1Vになり、DCモータは高速回転をする。
⑥ 押しボタンスイッチ00000をONにすると、DCモータは停止する。
⑦ 以上のようにして、転送データの値を変えることによって、DCモータの回転速度を変えることができる。

6.9.2 DCモータの多段階速度制御

図6.32は、DCモータの多段階速度制御である。装置の接続は図6.29と同じにする。

■回路の動作
① リセット入力の押しボタンスイッチ00002をONにし、可逆カウンタ010とデータメモリDM0100の内容をクリアする。
② 加算カウント入力の押しボタンスイッチ00000を繰り返しON-OFFさせると、カウンタの値は加算される。
③ 減算カウント入力の押しボタンスイッチ00001を繰り返しON-OFFさせ

```
加算カウント入力→ ─┤00000├─┬─[CNTR(12)]    可逆カウンタ
減算カウント入力→ ─┤00001├─┤    010      ← カウンタ番号
リセット入力→    ─┤00002├─┘   #0200     ← 設定値

                 ─┤00002├───[MOV(21)]    転送命令
                               #0000   ← 転送データ      DM0100に#0000を
                              DM0100   ← 転送先チャネル番号 入れ、DM0100をクリアする

特殊補助リレー→  ─┤25313├───[MLB(52)]    MLB(BIN乗算)命令
 (常時ON)                    CNT010                カウンタ番号010のデータと#0005を乗算し、
                              #0005                その結果をデータメモリDM0100に入れる
                              DM0100

                           ─[MOV(21)]    転送命令
                              DM0100               DM0100のデータをチャネル番号101の
                               101                 チャネルに転送する

                           ─[COM(29)]    ビット反転
                               101      ← チャネル番号
```

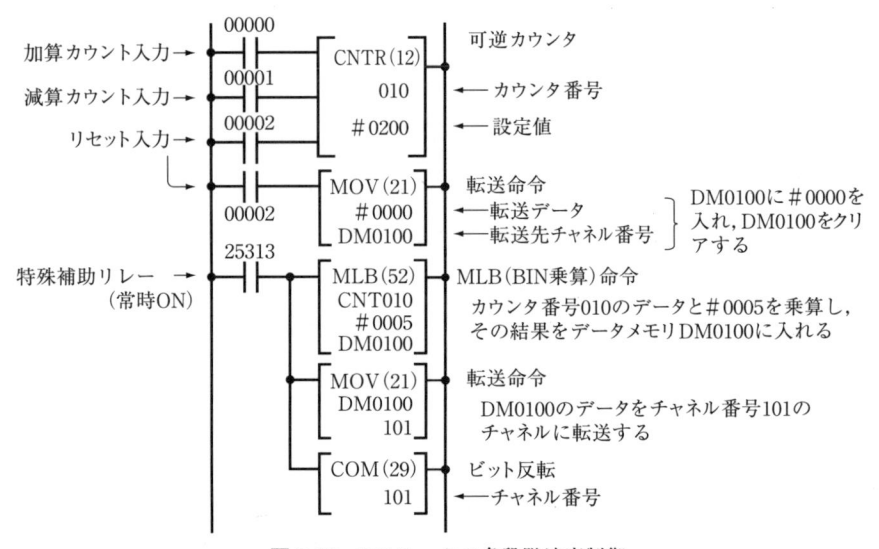

図6.32 DCモータの多段階速度制御

6.9 PWM制御回路によるDCモータの速度制御

プログラム 6.7　図 6.32 のプログラム

アドレス	命　令	データ
00000	LD	00000
1	LD	00001
2	LD	00002
3	CNTR (12)	010
		#0200
4	LD	00002
5	MOV (21)	
		#0000
		DM 0100
6	LD	25313
7	MLB (52)	
		CNT 010
		#0005
		DM 0100
8	MOV (21)	
		DM 0100
		101
9	COM (29)	
		101
10	END (01)	

ると，カウンタの値は減算される。

④　MLB(BIN乗算)命令により，カウンタの現在値はBIN 16 ビット(2進化16進4桁)で5倍に乗算される。その値は，5，A，F，14，19，IE，23，28，2D，50，55，5F……のように，増加あるいは減少する。乗算結果が小さいうちはDCモータは回転しないが，加算カウント数が増加し，乗算結果が大きくなるに従い，DCモータの回転速度は増加する。

⑤　乗算結果はデータメモリ DM 0100 に格納され，MOV(転送)命令で 101 チャネルのトランジスタ出力ユニットに転送される。

⑥　COM(ビット反転)命令で，101 チャネルのデータ(16 ビット)の1/0を反転する。このデータがD-Aコンバータの入力となる。

⑦　このようにして，D-Aコンバータの入力データを可変することにより，およそ20段階ほどの速度制御ができる。

参 考 文 献

1) オムロン㈱：プログラマブルコントローラ SYSMAC CQM1 セットアップマニュアル
2) オムロン㈱：プログラマブルコントローラ SYSMAC CQM1 リファレンスマニュアル
3) 日本サーボ㈱：精密小形モータ・ドライバ 日本サーボ総合カタログ'96/'97
4) 岡本裕生：やさしいリレーとシーケンサ，オーム社
5) 小野孝治，三笠洋補，蔭山哲也：PC制御技術，産業図書
6) 吉本久泰：PCシーケンス制御 入門から活用へ，東京電機大学出版局
7) 吉本久泰：メカトロ・シーケンス制御 PC活用マニュアル，オーム社
8) 衣川正幸：シーケンス制御入門，廣済堂出版
9) トランジスタ技術 SPECIAL No.61，CQ出版社
10) 谷腰欣司：DCモータの制御回路設計，CQ出版社
11) 鈴木美朗志：絵ときポケコン制御実習，オーム社
12) 鈴木美朗志，小柳栄次：絵とき電子機械早わかり，オーム社
13) 鈴木美朗志：たのしくできるセンサ回路と制御実験，東京電機大学出版局
14) 鈴木美朗志：たのしくできる単相インバータの製作と実験，東京電機大学出版局

● 本書で扱った各種装置の入手先
日本ユースウエア株式会社
〒221-0835 横浜市神奈川区鶴屋町 2-9-7
TEL・FAX 045-312-4743

索　引

■英数字

1-2相励磁方式　*159*
1スキャン　*56*
1相励磁方式　*157*
2進化10進　*74*
2相ステッピングモータ　*156*
2相励磁方式　*158*
7 SEG　*70*
7 SEG命令　*70*
7セグメント表示　*70*
7セグメント表示器　*9*

ADD　*74*
AND・LD　*34, 35*
AND・LD命令　*35*
a接点　*11*

BCD　*74*
BCD加算　*74*
BCD減算　*74*
BCD乗算　*74*
BCD除算　*74*
BIN乗算　*189*
b接点　*12*

CLC　*76*
CLC命令　*76*
CMP　*48*
CNT　*42*
CNTR　*44*
COM　*185, 189*
COM命令　*185, 189*

CQM1　*3*
CR回路　*63, 100*

D-Aコンバータ　*184*
DC 24 V入力ユニット　*3*
DCモータ　*175*
DIFD　*56*
DIFU　*56*
DIV　*74*

END　*19*
END命令　*19*

IL　*135*
ILC　*135*

KEEP　*119*

LED　*93*

MLB　*189*
MLB命令　*189*
MONITOR　*21*
MOV　*70*
MOV命令　*70*
MUL　*74*

ON-OFF操作　*11*
OR　*31*
OR・LD　*34, 36*
OR・LD命令　*36*
OR・NOT　*31*

OR・NOT命令　31
OR命令　31

PC　1
PROGRAM　21
PWM　184
PWM制御回路　182

RSET　37,38
RSET命令　38
RUN　22

SET　37,38
SET命令　38
SFT　46
SSR回路　64
SUB　74

TIM　39

■あ行
アクチュエータ　87
圧電ブザー回路　63
アンド・ロード　34

インタロック　135
インタロック回路　33
インタロッククリア　135
インバータ　62,86

運転モード　22

オア・ロード　34
応用命令　17
オープンループ制御　156
オールタネイト回路　54
押しボタンスイッチ　11
オフディレータイマ　39,40

■か行
回転子　83

回転磁界　83
回転速度-トルク特性　87
カウンタ　42
可逆カウンタ　44
拡張応用命令　70
かご形回転子　86

キープ　119
基本命令　17

クリアキャリー　76

原点復帰　171

光電スイッチ　59,94
固定子巻線　83
コンデンサモータ　85
コンパレータ　184

■さ行
サーキットプロテクタ　88
三角波　184
三相誘導モータ　83

シーケンス図　14
シーケンス制御　1
自起動領域　161
自己保持回路　14,33
シフトレジスタ　46
斜溝　86
遮断周波数　99
受光復調回路　95,97
出力側母線　16
出力実験ボックス　8
主巻線　85
消磁　13
進相用コンデンサ　85

ステッピングモータ　155
ステッピングモータ・コントローラ　162
ステップ角　155

すべり-トルク特性　87
スリット円板　92
スルー領域　162
スレショルド電圧　63
寸動運転　109

制御母線　14
セット　37

ソレノイド　93

■た行
タイマ　39, 62
タイマ付警報装置　59
タイムチャート　32
立上り微分　56
立下り微分　56
単安定マルチバイブレータ　62, 99
単相インバータ　118
端絡環　86

定位置自動移動　172
データ出力　10
デューティ　184
デューティ制御法　184
電源ユニット　6
電磁接触器　88
転送　70

透過型　94
同期速度　86
導体棒　83, 86
特殊補助リレー　19, 49
ドッグ　91
トランジスタ出力ユニット　4
トリガパルス　62
トルク　85

■な行
内部補助リレー　19, 54, 56

二相交流　85
入力側母線　16
入力実験ボックス　7

ネオンランプ　6

■は行
配線用遮断器　88
ハイパスフィルタ　99
ハイブリッド型ステッピングモータ　159
発光ダイオード　93
パルス速度-トルク特性　161
パルス発生器　92
パルスモータ　155
反射型　94

非安定マルチバイブレータ　63
比較　48
光起電力効果　99
光電流　99
ビット反転　185, 189

フォトインタラプタ回路　92
フォトトランジスタ　93
フリッカ回路　57
フリップフロップ回路　53
ブレーク接点　12
フレミングの左手の法則　85
フレミングの右手の法則　84
プログラマブルコントローラ　1
プログラミングコンソール　21
プログラムの作成　29
プログラムモード　21

平滑回路　99
並列優先回路　34
ベルトコンベヤ　81
変調投光回路　95

方形波発振回路　63
補助巻線　85

■ま行
マイクロコンピュータ　1

メイク接点　11

モニタモード　21

■や行
誘導起電力　83
誘導電流　83
誘導モータ　81
ユニポーラ駆動　162

■ら行
ラダー図　15

ラッチ出力　10

リセット　37
リミットスイッチ　59, 91
リレー　12
リレーシーケンス回路　14
リレー接点出力ユニット　4
リレー番号　20

励磁　12
励磁シーケンス　157
励磁方式　157

〈著者紹介〉

鈴木美朗志(すずきみおし)
学　歴	関東学院大学工学部第二部電気工学科卒業(1969)
	日本大学大学院理工学研究科電気工学専攻修士課程修了(1978)
現　在	横須賀市立工業高等学校定時制教諭

たのしくできる
PC メカトロ制御実験

| 2001年6月20日　第1版1刷発行 | 著　者 | 鈴木美朗志 |

　　　　　　　　　　　　　　　　発行者　学校法人　東京電機大学
　　　　　　　　　　　　　　　　　　　　代 表 者　丸 山 孝 一 郎
　　　　　　　　　　　　　　　　発行所　東京電機大学出版局
　　　　　　　　　　　　　　　　　　　　〒101-8457
　　　　　　　　　　　　　　　　　　　　東京都千代田区神田錦町2-2
　　　　　　　　　　　　　　　　　　　　振替口座　00160-5-71715
　　　　　　　　　　　　　　　　　　　　電話　(03)5280-3433（営業）
　　　　　　　　　　　　　　　　　　　　　　　　(03)5280-3422（編集）

印刷	新日本印刷㈱	© Suzuki Mioshi　2001
製本	渡辺製本㈱	
装丁	高橋壮一	Printed in Japan

＊無断で転載することを禁じます。
＊落丁・乱丁本はお取替えいたします。

ISBN 4-501-10980-7 C3054

Ⓡ〈日本複写権センター委託出版物〉

たのしくできるシリーズ

たのしくできる
やさしい電源の作り方

西口和明／矢野勲 著
A5判 172頁
身近なエレクトロニクス機器用電源のいろいろを，平易な説明で製作しながら紹介。

たのしくできる
やさしいエレクトロニクス工作

西田和明 著
A5判 152頁
やさしいエレクトロニクス回路を製作しながら，回路の原理や基本を学べる。

たのしくできる
やさしいアナログ回路の実験

白土義男 著
A5判 196頁
6種類の簡単な実験や工作を通して，アナログ回路の基礎をやさしく解説。

たのしくできる
PIC電子工作
CD-ROM付

後閑哲也 著
A5判 190頁
PICを使ってとことん遊ぶための電子回路製作法とプログラミングのノウハウをやさしく解説。

たのしくできる
センサ回路と制御実験

鈴木美朗志 著
A5判 200頁
入手・製作可能な各種センサ回路やマイコン回路を取り上げ，実験を通して理論を学ぶ。

たのしくできる
やさしい電子ロボット工作

西田和明 著
A5判 136頁
簡単な光・音・超音波のセンサを用いた電子ロボットの製作を通して，電子回路と機構の知識を得る。

たのしくできる
やさしいメカトロ工作

小峯龍男 著
A5判 172頁
メカトロニクスの基礎から応用までを各種ロボットの製作と共に紹介。

たのしくできる
やさしいディジタル回路の実験

白土義男 著
A5判 184頁
簡単な実験を行う中でエレクトロニクス技術の基礎が身に付くように解説。

たのしくできる
PCメカトロ制御実験

鈴木美朗志 著
A5判 208頁
PCによるメカトロ制御実験のハードとソフトを基礎から学ぶ。ラダー図・プログラム・回路動作を示しわかりやすい。

たのしくできる
単相インバータの製作と実験

鈴木美朗志 著
A5判 144頁
実務にも応用できる回路の製作・実験を通し，アナログ単相インバータを中心に解説した入門書。

＊定価，図書目録のお問い合わせ・ご要望は出版局までお願い致します．

電子回路・半導体・IC

H8ビギナーズガイド

白土義男 著
B5変型判 248頁
日立製作所の埋込型マイコン「H8」の使い方と、プログラミングの基礎を初心者向けにやさしく解説。

第2版 図解Z80 マイコン応用システム入門
ハード編

柏谷英一／佐野羊介／中村陽一／若島正敏 共著
A5判 304頁
マイコンハードを学ぶ人のために、マイクロプロセッサを応用するための基礎知識を解説した。

図解Z80 マシン語制御のすべて
ハードからソフトまで

白土義男 著
AB判 280頁 2色刷
入門者でも順に読み進むことで、マシン語制御について基本的な理解ができ、簡単なマイコン回路の設計ができるようになる。

図解 ディジタルICのすべて
ゲートからマイコンまで

白土義男 著
AB判 312頁 2色刷
ゲートからマイコン関係のICまでを一貫した流れの中でとらえ、2色図版によって解説。

ポイントスタディ 新版 ディジタルICの基礎

白土義男 著
AB判 208頁 2色刷
左頁に解説、右頁に図をレイアウトし、見開き2頁で1テーマが理解できるように解説。ディジタルICを学ぶ学生や技術者の入門書として最適。

PICアセンブラ入門
CD-ROM付

浅川毅 著
A5判 184頁
安価で高性能のマイコンであるPIC（ピック）を使い、アセンブラプログラミングの基礎を解説。

第2版 図解Z80 マイコン応用システム入門
ソフト編

柏谷英一／佐野羊介／中村陽一 共著
A5判 304頁
MPUをこれから学ぼうとする人のために、基礎からプログラム開発までを解説した。

ディジタル／アナログ違いのわかる IC回路セミナー

白土義男 著
AB判 232頁
ディジタルICとアナログICで、同じ機能の電子回路を作り、実験を通して比較・観察する。

図解 アナログICのすべて
オペアンプからスイッチドキャパシタまで

白土義男 著
AB判 344頁 2色刷
オペアンプを中心とするアナログ回路の働きを、数式を避け出来るかぎり定性的に詳しく解説。

ポイントスタディ 新版 アナログICの基礎

白土義男 著
AB判 192頁 2色刷
見開き2頁で理解できる好評のシリーズ。特にアナログ回路は、著者独自の工夫が全て実測したデータに基づきくわしく解説されている。

東京電機大学出版局出版物ご案内

初めて学ぶ
基礎 電子工学

小川鑛一 著
A5判 274頁

初めて学ぶ人のために，電子機器や計測制御機械などの動作が理解できるように，基礎的な内容をわかりやすく解説。

初めて学ぶ
基礎 ロボット工学

小川鑛一/加藤了三 共著
A5判 258頁

ロボットをこれから学ぼうとしている初学者に対し，ロボットとは何か，ロボットはどのような構造・機能を持ち，それを動かす方法はいかにあるべきかを平易に解説。

図解
シーケンス制御の考え方・読み方 第3版

大浜庄司 著
A5判 240頁

JIS図記号系列1準拠　初めてシーケンス制御を学ぶ人に，基礎から実際までを2色刷で解説した定評ある入門書。

やさしい
プログラマブルコントローラ制御

吉本久泰 著
A5判 244頁

特別に電気の知識がなくてもプログラマブルコントローラを利用してシーケンス制御ができるように，基礎的事項を中心に解説した。

油圧制御システム

小波倭文朗/西海孝夫 著
A5判 302頁

油圧システムは，電動機や原動機の発生する機械的エネルギーを流体エネルギーの形態で伝達し，機械的動力として出力する伝達制御装置である。油圧機器および油圧制御システムについて，理論と実際の橋渡しになるよう基礎事項から応用まで解説。

初めて学ぶ
基礎 制御工学 第2版

森　政弘/小川鑛一 共著
A5判 288頁

初めて制御工学を学ぶ人のために，多岐にわたる制御技術のうち，制御の基本と基礎事項を厳選し，わかりやすく解説したものである。

よくわかる電子基礎
電気と電子の基礎知識

秋冨　勝/菅原　彪 監修
A5判 294頁

工業に関する知識を習得し，将来エンジニアをめざす人が共通知識として電気・電子の基礎を学ぶ教科書

12週間でマスター
PCシーケンス制御

吉本久泰 著
B5判 226頁

プログラマブルコントローラ（PC）の初学者を対象に，12週間で一通り理解できるよう解説。実務において最初に必要とされる基本事項に重点を置き，PC入門者向けに平易に解説。

PCシーケンス制御
入門から活用へ

吉本久泰 著
A5判 200頁

直接実務に役立つ基礎的な例題を多く取り入れ，プログラム設計の過程と考え方を重視し，特別に電気の知識がなくても理解できるように配慮した。

理工学講座
伝送回路

菊地憲太郎 著
A5判 234頁

系統的に伝送回路が学べるように整理し，平易に解説。回路や式の導き方を丁寧に解説し，練習問題を設けることにより理解が深まるようにした。学生や初・中級技術者，通信工学を志す人に最適。

＊定価，図書目録のお問い合わせ・ご要望は出版局までお願い致します。